台灣小吃
萬年不敗

台灣小吃

Classic Taiwan
Street Food

from Salty Dish
to Dessert

商業級配方大公開

人氣名師以多年教學經驗、關鍵提點，
傳授就是吃不停的 道地熱門小吃！
自煮美味無負擔，開店接單也沒問題

蔡萬利＆楊勝凱・著

蕭維剛・攝影

開店自煮兩相宜，傳承台灣小吃文化

俗話說「民以食為天」，而最庶民、最接地氣、最能代表台灣特色的美食，絕對非小吃莫屬！從北台灣到南台灣，各地的夜市、市場、店舖甚至是攤車，台灣小吃可說是無所不在，處處飄香。各式各樣、豐富多變的台灣小吃，更是擄獲眾人的胃。由此可知，台灣小吃具備了傳承飲食文化的意義與使命。

本書從製作常用的配料、醬料、高湯、小菜，進而介紹各式各樣美味誘人的台灣小吃，精確的配方搭配詳細的步驟圖，還有令人垂涎欲滴的成品照，帶著讀者一步步烹調完成。

對於長年研究台灣小吃的我，希望能將台灣最具有代表性的特色小吃傳承下去！不只躍上在地的餐桌，更冀望能將其發揚光大，能夠飄香至海外，讓異鄉的遊子及僑胞朋友們一解思鄉之情，吃到那記憶最深的、懷念的美味。

另外，小吃也是創造台灣餐飲經濟奇蹟的一環，在不景氣的時代之中，如果想要創造事業的第二春或斜槓人生，以此開店致富，還是想減少外食頻率，選擇在家親手烹調，做做小吃都是不錯的選擇。

非常感謝日日幸福出版的編輯冠慶的邀請，讓我和楊勝凱老師有機會帶大家走進大街小巷，一起來探索台灣小吃。感謝力馬亞文化創意社的蕭維剛攝影師賢伉儷提供優質的環境，以及感謝游博俊老師的協助，讓這本書能夠順利圓滿的拍攝完成。希望大家能藉由這本書，將每一滴汗水都化為豐碩的果實，讓我們一同大啖令人著迷的台灣小吃，也將這般獨特的飲食文化永久流傳！

作者序②

無法忘懷的滋味，街頭巷尾的台灣小吃

世界各國的美食，應有盡有，各具特色，大家也一定有自己特別喜愛的美食，雖然如此，家鄉味在各位的心中，在我的心中，卻留有最重要的位子。就在路口的那間小吃，大排長龍的攤位，老闆忙碌的身影，那股熟悉的感覺。有種古早味吃的是懷念，是飄香千里之外，香氣撲鼻勾起的想念，有種是一吃再吃，仍讓我無法忘懷的思念。台灣有名的小吃，是有溫度的料理，此刻就留在此書當中。

台灣小吃繼承了先人精湛的廚藝，更征服了我們的味蕾，其獨特的滋味，只有身在台灣的我們，能幸福的感受到、品嘗到，若是身在國外，街頭巷尾遍尋不著道地的台灣小吃，那該怎樣親手復刻呢？那樣蒸的鮮美？煮的甘淳？炒的可口？炸的酥香？燉的濃郁？每個人一定有著自己的答案吧！

承蒙蔡萬利師傅的提攜，與師傅一同在日日幸福出版了《一起吃火鍋》，分享了世界各地的鍋物料理，另外也出版了《異國料理》，分享了世界各國的經典美味。這次則要分享你我最熟悉的味道，也是心中美食最重要的那個位子，成長的日子伴隨的記憶，一步步記錄下日常生活的美味，一道道烹調出道地經典的小吃，不論是為了解解嘴饞，或是為家人乾淨衛生的小吃，更可以做個小本生意，在街頭讓台灣小吃持續飄香！

本書收錄了 101 道的台灣小吃，一定能在您的心中勾起美味的回憶，現在藉由詳細的文字與圖解，跟著步驟輕鬆動手烹調，讓我們一起把台灣味在家中飄香，讓台灣小吃的精神持續發揚，做出好吃到嘴巴停不下來、最有溫度的味道。

目錄

立刻出攤的關鍵味道

Chapter 1

飽足感滿點的 **米飯麵食**

Chapter 2 一口接一口的鹹香小吃

Chapter 3 吃完鹹食就想吃 **甜食**

Chapter 4 暖心又暖胃的 **羹湯**

① 這道小吃的完成
　圖，光用看的就
　感到嘴饞。

② 小吃的名稱，如
　此耳熟能詳，讓
　人躍躍欲試。

肉圓

3~4
人份

肉圓是台灣的特色街頭小吃，相傳發源地為彰化北斗鎮。為半透明扁圓形，內餡多以豬肉塊和豬絞肉為主，配料則依店家而不同。做法在彰化以北多用油炸、油泡，彰化以南則多為炊蒸。

94

③ 每道食譜做出來的
　建議食用人份。

④ 特色、文化介紹，認識
　你不知道的台灣小吃。

⑤ 材料一覽表，正確的份
　量是烹調成功的基礎。

⑩ 這道台灣小吃所
　屬的分類單元。

Chapter 2 ——
一口接一口的　

材料

A ▸ 乾香菇 30g、熟沙拉筍 150g、豬絞肉 250g、香菜 20g

B ▸ 片栗粉 100g、在來米粉 66g、樹薯粉 100g、溫水 470cc、食用油 15g

醬料

甜辣米醬 適量

調味料

醬油 1 大匙、米酒 1 小匙、
白胡椒粉 1 小匙、五香粉
1 / 2 小匙

事前準備

乾香菇泡水至軟，切小丁；熟沙
拉筍切小丁，備用。

⑥ 材料切割、浸泡
　等事前準備。

做法

1　取鍋子，熱鍋後倒入食用油1大匙，加入
　香菇丁、沙拉筍丁炒香，熄火。

2　取調理盆，加入豬絞肉、做法1、所有調
　味料，混合均勻，即為內餡，備用。

3　取攪拌機，加入片栗粉、在來米粉、樹
　薯粉拌勻。

4　再加入溫水、食用油，隔水加熱、攪拌
　成糊狀，放涼，即為外皮糊。

5　取模具，刷上食用油少許（份量外）。

6　鋪上外皮糊為底層，加入內餡，再鋪上
　一層外皮糊。

7　放入蒸鍋，以中小火蒸煮，煮約15分鐘
　至表皮透明，取出，淋上醬料，撒上香
　菜即可。

⑦ 依步驟文字解
　說，更能確實
　掌握做法。

⑧ 詳細步驟圖，
　能對照烹調過
　程是否正確。

秘 師傅的秘訣筆記

● 粉漿要加熱至乳液般的黏稠度，太濃稠皮會太硬，
　太稀則不易成形，所以要放涼再繼續製作。

● 模具使用前可以塗上一層油，比較好脫膜。

● 蒸肉圓時，火力不要太大，若是用電鍋，就在鍋蓋
　下插一支筷子，留個孔隙。

本書材料單位換算表

1 大匙 =15cc　1 小匙 =5cc

1 杯 =180cc

1 公斤 =1000g　1 台斤 =16 兩 =600g

少許 = 稍微加一些即可。

適量 = 依個人口味斟酌份量即可。

⑨ 兩位師傅的烹飪秘
　訣與美味關鍵。

台灣小吃魅力無法擋

在人聲鼎沸的廟口、夜市，從各式麵飯、羹湯、鹹食到甜品，台灣小吃的種類琳瑯滿目，各種口味應有盡有。此起彼落的叫賣聲，富有台灣濃厚的人情味與熱情，邊走邊吃的小吃文化，魅力不容小覷，甚至連外國觀國客來台灣旅遊，都指名要去夜市大啖小吃。

台灣小吃的起源

台灣早期農業社會，從福建、廣東渡海來台開墾的漢人移民，勞動過後，在午飯與晚飯之間，以簡單的烹調方式，做出份量不多、快速補充體力的料理，就稱之為「小吃」。起初，攤販們肩挑扁擔沿街叫賣，但考量地理位置方便，攤販們漸漸聚集在一處，於是形成固定時間的市集。其中，廟口因為祭祀信仰、人們交流情感的重要場所，自然也就吸引了許多攤販聚集。除此之外，隨著商業經濟興盛，為了滿足人們夜晚的休閒、飲食需求，從傍晚開始設立的攤販市集，就成了「夜市」。

選擇超多！琳瑯滿目的品項

每個地方都有屬於當地的特色小吃，如知名的淡水阿給、基隆鼎邊銼、彰化肉圓、高雄旗魚黑輪等，呈現了台灣小吃豐富多元的樣貌，也反應了各地的物產與人文風情。除了地理因素之外，由於台灣飲食文化受移民影響甚大，從早期一同來台開墾的客家米食，如粄條、鹹湯圓等，與日本殖民時期帶來的甜不辣，再到戰後移民的外省人，如牛肉餡餅、蔥抓餅、韭菜盒子等中國麵食小點，否則台灣人早期並不吃牛肉，是經由外省人帶進來。這些都使得台灣小吃更加多樣豐盛。

南北各地做法、風味大不同

即使是同一道台灣小吃，各地的烹調做法會有所差異，口味也會不一樣，其中最為人知的，就是大家常說的「南部口味偏甜」。此外就是肉圓，彰化肉圓是以油炸的方式，而新竹肉圓則是以蒸煮的方式，兩者口感上就不同。或是南北粽，北部粽是將生糯米、餡料拌炒過，再包入粽葉，放進蒸煮，口感粒粒分明；南部粽則是將生糯米泡水後，與餡料包入粽葉，放入水煮，口感軟爛黏稠。這些迴異之處，也是台灣小吃的魅力之一。

認識了台灣小吃飽滿的文化底蘊之後，接下來就來與各位分享 101 道，不只美味可口，更讓人口水直流的台灣小吃食譜吧。

Kitchenware

本書使用的 器具

　　台灣小吃種類豐富多樣，除了廚房必備的基本器具，其他特定小吃專用的器具，只要依照個人需求準備即可。不必大費周章，也能輕鬆在家做出好吃到停不下來的台灣小吃。

鍋具

平底鍋

廚房必備鍋具之一，適合煎、炒烹調，建議備有大小各一支，就足夠應付大部分的狀況。如是購買不沾鍋的材質，清洗時要使用海綿，以免將塗層刷起來。

深平底鍋

鍋底比較深，除了煎、炒之外，由於具深度，也適合油炸、燉湯、燉菜使用。建議挑選透明鍋蓋，烹煮時不用打開鍋蓋，就可以清楚看到烹煮狀況。

測量工具

電子秤

用來測量材料重量的器具。秤量時，要記得將裝盛的容器重量先扣除，重量才會準確。建議選擇電子秤，其準確率比較高，也有歸零的功能，使用上方便許多。

量匙

標準量匙一組有 4 支，分別為 15cc 的 1 大匙、5cc 的 1 小匙、2.5cc 的 1 / 2 小匙、1.25cc 的 1 / 4 小匙。是用來測量粉類材料、調味料的器具。舀滿量匙後，必須刮平才準確。

米杯

測量液體材料份量的器具。使用時，必須將量杯放置在平坦處，以側面水平的角度，平視刻度線才準確。電鍋的蒸煮時間是以幾米杯水來測量，煮白飯時也是以此來測量水量。

家電

桌上型攪拌機

一般配有多種攪拌器。質地較稠的肉圓的外皮糊能用槳狀攪拌器，需要攪打潤餅粉漿、基隆三明治麵糰、水煎包和韭菜盒子的麵皮，可以使用勾狀攪拌器。

食物調理機

絞打肉泥、魚漿時需要使用的家電。大量備料時，也可以用來切碎各式食材，或是攪打均勻醬汁，省時又省力。

輔助器具

刀具

切割生鮮食材或熟食使用，依食材特性挑選適合的刀具，最常見的刀有菜刀、剁刀、水果刀等。至少準備兩把菜刀，分別用在生食與熟食上，可避免交叉感染。

砧板

市面上常見的砧板材質有木頭製、塑膠製兩種。生食、熟食最好使用不同的砧板，以確保安全衛生，洗淨後放在通風處晾乾即可。

料理長筷

用於拌炒、攪拌、夾取食材。挑選時，可以選擇自身覺得筷身厚度適中好握、順手，重量不會過重，輕盈好使用即可。

鍋鏟

市面上有不銹鋼、木質與矽膠材質，如果是使用不沾鍋烹調，比較適合使用木質與矽膠材質，避免刮傷鍋具。

調理盆

可以用來浸泡材料，以及打蛋或混合材料的容器。材質多選用不銹鋼或玻璃製，底部必須要是圓弧形，攪拌材料時才不會有死角。

濾網

濾網適合撈取炸物，並撈除油渣。挑選時需要注意，以孔洞不要太大，並且要配合鍋子直徑尺寸，勿買到比鍋面更大的濾網。

蒸籠

除了以電鍋蒸煮料理之外，也可以使用蒸籠。一般常見材質有竹製、不鏽鋼製或鋁製。將水鍋煮沸，架上蒸籠，即可放入料理蒸煮。

米糕筒

炊煮筒仔米糕使用的不銹鋼杯狀容器。早期農業時代是以竹筒裝盛食材，但後來多以小鐵筒為主，比較講究一點的話，則會以瓷筒來製作。

肉圓皿

製作肉圓時,使用的淺碟器皿。抹上皮糊、肉餡後,放入電鍋或蒸籠蒸煮。使用前必須先抹上少許的油,才會比較好脫模。

鋁箔容器

以鋁箔製成的一次性盒狀容器。能放入蒸籠、烤箱加熱,可以用來製作黑糖糕、香蕉飴等糕點。

蚵嗲勺

有著黑鐵製的長柄與原木把手,為蚵嗲專用的煎勺。放入高溫油鍋時,可以保持較遠的距離,避免被油濺到。

瓷碗

裝盛碗粿所需要的器皿,古早味的瓷碗尤佳,不過也可以換成其他容器,但要能放入電鍋、蒸籠蒸煮。

湯盅

陶瓷製的湯盅。裝盛食材、湯水後,放入電鍋或蒸籠蒸煮。具有不錯的保溫效果。

紅龜粿模

粿模為早期農業社會居家常見之模具,呈現橢圓形,外型如烏龜之背面,透過將粿糰壓入其中,脫模後即為紅龜粿。

本書使用的 調味料

想做出道地的台灣小吃，符合台灣味的調味料，當然是不可或缺，如果少了這些調味料，總覺得少了一味。接下來會介紹這些調味料的原料、風味、應用，用來烹調時才更得心應手。

醬油
適合醃漬、紅燒、滷製等烹調法，為料理增添香氣與調味。由黑豆釀造而成的醬油，色澤淡，口感帶甘甜味，豆香濃郁。

醬油膏
醬油膏與醬油不同，吃起來比較甘甜，常用來做為沾醬使用，或是用於滷煮食材，呈現有別於醬油的風味與色澤。

老抽
又稱陳年醬油，色擇較深呈棕褐色，味道濃郁鮮甜，鹹度較淡。加入半小匙就能為料理上色。

米酒
米酒是以稻米所釀製而成的酒。能用來醃魚、醃肉，去除腥味，更是麻油雞麵線、薑母鴨重要的調味料之一。

糯米醋
又稱白醋，是米飯經由發酵後的產物，能為菜肴增添天然的酸香味，以及醃漬台式泡菜。

烏醋
以糯米為基礎，加入蔬果及辛香料釀造而成。烏醋的顏色深、鹹度比較高，常用於羹湯料理。

香油
又稱芝麻油，是以白芝麻提煉而成。芝麻氣味濃郁，料理完成前淋入幾滴，或涼菜拌入一點就能大大增添香氣。

白胡椒粉
由白胡椒粒研磨而成，辛辣嗆鼻味。白胡椒粉除了增加料理香氣外，也常用來醃漬食材，去除腥味。

五香粉
五香粉為花椒、八角、桂皮、丁香、小茴香等多種辛香料研磨而成。常用來為料理增添香氣、醃漬食材去除腥味。

柴魚粉
以柴魚乾燥、研磨而成，保有柴魚的天然香氣，常用於湯底，增添海鮮的鮮甜風味。

辣豆瓣
台式辣豆瓣醬，以黃豆經過長時間發酵製成，帶有濃郁醬香，口感甘甜，味道十足，帶微辣後勁。

麻辣醬
結合花椒、朝天椒、八角、肉桂等漢方原料而製成的醬料，嗆辣溫純，適合拌炒、紅燒等料理。

番茄醬
番茄加工處理而成的醬料，含有天然甘味與酸味，可以直接當做沾醬，也能加入料理之中，增添鮮味。

沙茶醬
以鯿魚、花生、蝦米等食材，磨碎後熬製而成的醬料。味道鹹中帶有輕微辛辣及海味。可以加入湯底或拌炒等料理。

台灣小吃的 烹飪知識
Knowledge

掌握火候大小、判斷油溫，以及各式食材處理、烹調方式，讓你在烹調小吃的過程中，減少失敗的機會，並且讓你的料理手藝更上一層樓，確實做出好吃到停不下來的台灣小吃！

認識火候

「火候」一般是指烹飪時，火力的強弱與時間的長短。在烹飪過程中，不同的食材有著不同的加熱時間，為了達到色、香、味俱全，或是不同的口感，就必須掌握好火候，才能幫料理加分。

大火

火焰高，延伸至鍋子邊，火焰的亮度高，熱度也強。透過大火，短時間的加熱，能使食材快速的熟成，保持鮮脆。運用範圍很廣，還能讓食材外面的水氣快速蒸發，達到鎖鮮的效果。尤其是台灣人最愛的熱炒料理，剛下鍋時的火候，幾乎都是以大火烹調。

中火

火焰稍微延伸至鍋子邊，亮度微亮，熱度適中。適合用於烹煮較多醬汁的菜色，以及食材需要在鍋內燒煮一些時間的料理。是多數家庭料理中，最常用的火候。此外，像肉圓或紅龜粿等，因大火容易使外皮變形，也都會以中火來蒸煮。

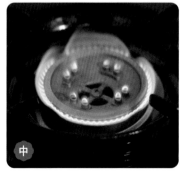

小火

火焰沒有延伸至鍋子邊，亮度低，火焰小，熱度較弱。通常使用在耗時、烹調較久的料理，需要長時間將食材放在鍋中，使其軟爛入味如滷味、高湯等，或者火候太大就會失敗的料理，如蒸蛋用大火就會變成蜂窩孔洞。

判斷油溫

油溫，指烹煮食材時，鍋中油的溫度。炸食材時，是呈現香脆或軟嫩，就是靠油溫的高低來做判斷。低油溫一般用於過油，或需要長時間烹煮的料理；中油溫則用於大部分的炸物，如宜蘭卜肉；高油溫大多用在第二次的回炸，或是體積小且易熟的蝦捲。

低油溫

油溫大約 130℃～ 150℃，判斷時可將木筷放入油鍋中，筷子的周邊會緩緩的冒出小氣泡。

中油溫

油溫大約 150℃以上～ 170℃以下，判斷時可將木筷放入油鍋中，筷子周邊會不斷的冒出氣泡。

高油溫

油溫大約 170℃以上～ 210℃，判斷時可將木筷放入油鍋中，筷子周邊會迅速的冒出大量的大氣泡。

食材處理

　　食材處理雖然只是一個小小的動作，卻是能為美味程度大大加分的關鍵步驟，想要做出像是夜市攤販一樣好吃的台灣小吃，那你一定得好好學起來！

醃漬

肉類或蔬菜等食材，加入糖、鹽、醋或其他調味料，用手抓拌均勻，靜置一段時間之後，能讓食材產生不同的風味，或是延長保存期。

醃漬

殺菁

快速的讓食材中的酵素失去活性，進而保持脆度及顏色，大多用於蔬菜或水果。在家比較方便的殺菁方法有以下兩種：

鹽巴殺菁

• 鹽巴殺菁

加入鹽搓揉、拌勻，使蔬菜的酵素失去活性，進而保持脆度及顏色，也可以去除苦澀味，讓調味料更容易滲透進去。待食材出水後，以清水沖洗乾淨並瀝乾，便能用來烹煮、涼拌，或是延長醃漬時間做成漬物。

• 沸水殺菁

將水煮至沸騰（100℃）後，放入食材約 30 秒，讓酵素失去活性。或是先用熱水汆燙，撈起後再泡水冷卻或者冰鎮，就能夠去除澀味，還能保持其翠綠的色澤，如花椰菜、四季豆等。

沸水殺菁

汆燙

汆燙有助於去除沾附在肉品上的血汗和黏液，降低肉腥味，也能使煮出來的湯頭更為清澈。將食材放入冷水鍋內並開火，加熱過程中不停地攪拌，使其受熱均勻，內部的雜質和異味便會慢慢擴散出來，水滾後把食材取出，放入冷水浸泡、清洗掉表面殘留的血汗即可。

汆 燙

調味

調 味

調味可提升食材本身的味道，並給予特殊的風味，也能去除腥味，如辛香料能消除腥臭味，提升香味；鹽能提供鹹味，延長食材的保存期限。適當的調味能讓食物品嘗時更有層次。

打水

打 水

在攪拌絞肉的過程中，添加少許的高湯或水，讓絞肉吸收，來增添肉餡中水分的含量，烹煮後就能更多汁。或是醃漬肉類時，除了加入調味料，可以加入蔥薑汁「打水」，不只能去除腥味，還能增添水分，讓口感吃起來水潤不乾柴。

烹飪方式

　　不同的烹調方式，會賦予料理不一樣的風味，其中也包含了各自不同的訣竅、技巧，能讓你的台灣小吃更美味誘人。

煎：以火候掌控熟度與風味

將食材以少量的油，加熱至表面上色。火候與油煎有著密切的關係，如果火候太大，油溫過高，容易外部焦黑，內部卻還沒熟；反之，若煎的時間過長，食材的風味則容易流失。

炒：快速上桌的烹調方式

鍋中倒入適量的油，燒熱後，加入蔥、蒜、薑等辛香料，爆香辛香料，隨即加入其他食材，用鍋鏟快速翻炒幾下，最後加入調味料拌勻。

炸：充滿油脂的香氣

鍋中倒入多量的油，燒熱後，藉著油的熱力將食材烹煮至熟。此烹調方式，能將食材中水分去除，雖然會提高料理的熱量，卻會形成特殊的香味。

蒸：保留食材的原汁原味

將食材放入蒸籠或蒸鍋內，利用水蒸氣的熱力，使食材蒸煮至熟。首先，必須等水煮滾後，再放入食材，且因應不同食材調整火力，如肉類須用大火；蛋類料理則須用小火，避免火力太強，產生太多氣孔。

烤：獨特的口感與香氣

將食材放入烤箱，烘烤至熟透，此烹調方式可使肉類中的油脂流出，保留原本的風味，並帶來香脆的口感。

勾芡：讓口感更滑順

藉由澱粉遇熱糊化，具有吸水、黏附及光滑的特性，增加料理的滑潤度及口感。大部份以太白粉1：水3，或地瓜粉1：水2的比例調配，一邊慢慢倒入太白粉水（或地瓜粉水），一邊畫同心圓攪拌，避免結塊。

立刻出攤的 關鍵味道

從台灣小吃不可或缺的肉燥、油蔥酥，或是肉圓、碗粿、米糕必須的甜辣米醬、甜辣醬，還是各式羹湯的靈魂高湯，甚至還有醋拌小黃瓜、醃蘿蔔，絕對讓你的小吃道道地地、好吃到嘴巴停不下來。

第 1 攤
增添香氣與風味的「配料」

肉燥

在台灣小吃中常見的配料，用刀子或絞肉機切碎的絞肉和豬皮、肥肉為原料，將絞肉炒香後加入醬油、調味料熬煮而成。

材料
豬五花肉 1 公斤、蒜仁 50g、八角 2 粒、甘草 5g、豬骨高湯 2000cc

調味料
冰糖 1 大匙、醬油 1 / 2 杯、米酒 300g、老抽 1 小匙、五香粉 1 / 2 小匙、白胡椒粉 1 小匙、味素 1 小匙、香油 1 大匙

做法
① 取鍋子，倒入食用油4大匙，加入豬五花肉條，以中小火慢慢煸炒至微金黃色，不要焦。
② 待豬油釋出，如果油量太多，則把油脂稍微倒掉一些，再放入蒜末爆香。
③ 加入冰糖、八角、甘草炒出糖香，再加入醬油炒10秒，飄出醬香。
④ 加入豬骨高湯、調味料（香油除外）煮滾，轉小火，蓋上鍋蓋，慢燉50分鐘。
⑤ 取出八角、甘草，以小火燉煮10分鐘，再加入香油拌勻，熄火，蓋上鍋蓋，燜1小時熟成即可。

油蔥酥與豬油蔥是台灣傳統料理中常用的調味料之一。紅蔥頭的香味和豬油的鮮味融合在一起，經常搭配拌麵、燙青菜等，是受到台灣人喜愛的風味。

材料

紅蔥頭 300g、沙拉油 400g、豬油 400g

做法

① 紅蔥頭去皮，切除蒂頭，再切成薄片。

② 取鍋子，倒入沙拉油、豬油，以小火加熱至80℃，加入紅蔥頭片，炸至金黃色，過程中要不時攪拌。

③ 熄火，以濾網撈起瀝油，鋪放在廚房紙巾上，將油吸乾，即為油蔥酥。

④ 放涼後，裝進消毒過的乾燥玻璃瓶或密封罐中，加入鍋中的油，栓緊瓶蓋，冷藏或冷凍保存，即為豬油蔥。

同場加映 蔥薑汁

青蔥、薑都是廚房的得力食材，除了直接烹調使用，製成蔥薑汁更實用！像是醃漬肉類時，加入蔥薑汁「打水」，不只能增加水分還能去腥。

材料

青蔥 15g、
嫩薑 15g、
水 150cc

做法

① 青蔥切段；嫩薑切片。

② 取調理盆，加入蔥段、薑片、水，用手抓住蔥段、薑片，擠數下，產生約200cc的蔥薑水。

TIPS

● 如果家裡有果汁機，可以直接加入青蔥、嫩薑、水攪打均勻，倒出來，濾除殘渣即可。

讓美味更加分的「佐料」

甜辣醬可以用來搭配各種小吃，比如油飯、蚵嗲、甜不辣等等，也可以用來調味燒烤食物。味道濃郁，是非常受歡迎的醬料。

材料 A

在來米粉 2 大匙、水 4 大匙

材料 B

番茄醬 5 大匙、辣豆瓣醬 1 小匙、二砂糖 4 大匙、鹽 1 小匙、水 480cc

做法

① 取調理碗，加入材料A拌勻，備用。

② 取鍋子，加入材料B，以小火拌煮至沸騰，再加入做法1勾芡即可。

當歸米酒是一種以當歸為主，搭配蔘鬚、枸杞等其他中藥材，加入米酒製成的藥酒。當歸具有調節免疫、促進血液循環、調節內分泌等作用，尤其對女性調節生理週期和維持健康非常有益。

材料

當歸 20g、蔘鬚 10g、枸杞 5g 、米酒 200g

做法

① 當歸剝成小片狀，與蔘鬚、枸杞一起放入玻璃瓶中。

② 加入米酒，旋緊蓋子，放置陰涼處至少2天即可。

辣油是以油脂為基底，加入辣椒製成的調味油，用於各式小吃，能增添辣味和香氣。

材料

辣椒粉 8 大匙、鹽 1 / 2 小匙、沙拉油 600cc

做法

① 取調理盆，加入辣椒粉、鹽，備用。

② 取鍋子，倒入沙拉油，加熱至滾燙，然後沖入做法1。

③ 以長筷攪拌均勻，靜置放涼。

④ 倒入濾網，過濾出辣油即可。

風味鹽的一種,主要由胡椒粉和鹽混合而成,具有濃郁的辛辣味和鹹味,常用於各種料理和炸物,鹽酥雞、雞排等撒上胡椒鹽,美味更加分。

材料
山柰粉 1g、甘草粉 1g、五香粉 1g、白胡椒粉 10g、黑胡椒粉 10g、鹽 5g

做法
① 取調理碗,加入所有材料,拌勻即可。

台灣小吃經常運用的醬料之一,像是吃蚵仔煎或是筒仔米糕時,上面的粉紅色澤淋醬,就是海山醬。

材料 A
太白粉 2 大匙、水 250cc

材料 B
番茄醬 6 大匙、醬油膏 2 大匙、辣豆瓣醬 1 大匙、二砂糖 4 大匙、味噌 2 大匙、鹽 1 小匙、水 600cc

做法
① 取調理碗,加入材料A拌勻,備用。
② 取鍋子,加入材料B,以小火拌煮至沸騰,再加入做法1勾芡即可。

甜辣米醬是混合了甜味和辣味的調味醬料,呈現濃稠狀,通常用於碗粿、肉圓等台灣小吃,是種百搭古早味萬用沾醬,甜甜辣辣又涮嘴!

材料 A
麻油 1 小匙、味噌 50g、番茄醬 70g、甜辣醬 140g、水 300cc

材料 B
太白粉 1 大匙、水 30cc

做法
① 取鍋子,加入材料A,攪拌均勻並煮沸。
② 將材料B混合均勻,慢慢加入做法1中勾芡,靜置放涼即可。

第3攤
美味的靈魂就是「高湯」

雞高湯

製作雞高湯的過程中,使用自然食材熬煮,不包括任何防腐劑和添加劑。此外,由於雞高湯是低卡、高蛋白、低脂肪的湯品,因此受到許多人的青睞。

材料

胡蘿蔔 60g、白蘿蔔 60g、西洋芹 60g、洋蔥 60g、雞骨 1000g、月桂葉 3 片、水 3600cc

做法

① 胡蘿蔔、白蘿蔔去皮,切粗條;西洋芹去除粗纖維,切段;洋蔥去皮,切大塊。

② 取湯鍋,放入雞骨,加入水(份量外)蓋過雞骨,以大火煮滾,熄火。取出雞骨,用清水洗淨瀝乾。

③ 另取湯鍋,加入雞骨、月桂葉、做法1的材料,倒入水,以大火煮滾,蓋上鍋蓋,轉小火熬煮約1小時,撈除表面的浮末,熄火。

④ 取出所有材料,用濾網撈除雜質即為雞骨高湯。

 ①
 ②
 ③
 ④

TIPS

份量	3200cc
保存	冷凍 12 天

- 先汆骨塊、骨架是為了逼出血水,因為血水是腥味來源。
- 熬煮高湯時,待沸騰後轉小火繼續熬煮,能避免湯汁過於混濁。
- 高湯放涼後,倒入製冰盒,放入冰箱冷凍成高湯冰塊,就可以隨時取用。

豬骨高湯

以豬骨和其他食材熬煮而成的湯品,通常做為料理的基礎湯底。製作豬骨高湯的過程中,豬骨的鮮味和其他食材的香味融合在一起。可用於陽春麵、擔仔麵等料理的湯底。

材料
薑 30g、豬骨 1000g、水 3600cc

做法

份量	3200cc
保存	冷凍 12 天

① 薑用菜刀切成片狀,備用。

② 取湯鍋,放入豬骨,加入水(份量外)蓋過豬骨,以大火煮滾,熄火。取出豬骨,用清水洗淨瀝乾。

③ 另取湯鍋,加入豬骨、薑片,倒入水,以大火煮滾,蓋上鍋蓋,轉小火熬煮約1小時,撈除表面的浮末,熄火。

④ 取出豬骨,用濾網撈除雜質即為豬骨高湯。

牛骨高湯

使用牛骨和其他食材慢火熬煮而成的湯品。製作牛骨高湯的過程中,牛骨的濃郁風味和其他食材融合在一起,香氣十足,口味濃郁,用於牛肉片等料理的湯底。

材料
胡蘿蔔 1 根、洋蔥 2 個、青蔥 2 根、薑 60g、牛小骨塊 1.5 公斤、米酒 100g、水 4500cc

份量	4200cc
保存	冷凍 12 天

做法

① 胡蘿蔔去皮,切粗條;洋蔥去皮,切大塊;青蔥切段;薑切片,備用。

② 取湯鍋,放入牛小骨塊,加入水(份量外)蓋過牛小骨塊,以大火煮滾,熄火。取出牛小骨塊,用清水洗淨瀝乾。

③ 另取湯鍋,加入牛小骨塊、米酒、做法1的材料,倒入水,以大火煮滾,蓋上鍋蓋,轉小火熬煮約2小時,撈除表面的浮末,熄火。

④ 取出所有材料,用濾網撈除雜質即為牛骨高湯。

鴨肉高湯

以鴨骨架和其他食材熬煮而成的高湯。製作鴨肉高湯的過程中,將鴨骨架獨有的的鮮味和其他食材融合在一起。可用於當歸鴨麵線等料理的湯底。

材料

薑 15g、青蔥 2 根、鴨骨架 1 公斤、米酒 2 大匙、水 3000cc

份量	2600cc
保存	冷凍 12 天

做法

① 薑切片;青蔥切段,備用。

② 取湯鍋,放入鴨骨架,加入水(份量外)蓋過鴨骨架,以大火煮滾,熄火。取出鴨骨架,用清水洗淨瀝乾。

③ 另取湯鍋,加入鴨骨架、米酒、做法1的材料,倒入水,以大火煮滾,不加蓋子,熬煮1小時,撈除表面的浮末,熄火。

④ 取出所有材料,用濾網撈除雜質即為鴨肉高湯。

柴魚高湯

以柴魚煮熬而成的湯底,在日本料理中也非常常見的湯底之一。柴魚是一種魚類,具有濃郁的鹹香味和獨特的魚類風味,是柴魚高湯不可或缺的食材。

材料

水 3600cc、柴魚片 20g

份量	3200cc
保存	冷凍 12 天

做法

① 取湯鍋,加入水,以大火煮滾,再加入柴魚片,待再次水滾,熄火,讓柴魚片下沉到底部。

② 用濾網將柴魚片與雜質濾除,即為柴魚高湯。

TIPS

● 高湯放涼後,倒入製冰盒,放入冰箱冷凍成高湯冰塊,就可以隨時取用。

第 4 攤
解膩又爽口的「配菜」

爽脆開胃
醃蘿蔔

以蘿蔔做成的美味小菜，做法相當簡單，將蘿蔔塊狀加入鹽和醋拌醃一下即可。吃起來酸酸甜甜，非常開胃，特別適合搭配炸物小吃，清爽又解膩！

材料
白蘿蔔 600g、胡蘿蔔 200g

調味料 A
白砂糖 300g、糯米醋 300g、水 100cc

調味料 B
鹽 80g

TIPS

- 玻璃瓶必須先以高溫水煮殺菌過，才可以使用。
- 夾取時，務必使用乾淨的器具，不能沾有油脂，避免壞掉。

做法

① 取鍋子，加入調味料A煮沸後，靜置放涼，備用。

② 白蘿蔔、胡蘿蔔洗淨去皮，切成約1.5公分大小的塊狀。

③ 取調理盆，加入做法2、鹽抓醃均勻，靜置1小時。

④ 倒掉盆中的水分，瀝乾白蘿蔔塊、胡蘿蔔塊。

⑤ 取玻璃瓶，加入做法4、做法1，旋緊蓋子，放入冰箱冷藏一晚即可。

炒酸菜

顧名思義，主要材料是蔬菜發酵製成的酸菜，口感酸爽，炒過後讓香氣更佳，微微的香辣點綴，勾起人們的食欲。

材料
酸菜 200g、辣椒 20g、食用油 2 小匙、蒜仁 30g

調味料
二砂糖 1 大匙、香油 1 小匙

做法

① 酸菜以清水沖洗3次後，擠乾水分。

② 酸菜切絲；辣椒切斜片。

③ 取鍋子，倒入食用油，加入蒜仁炒至飄香，加入酸菜、辣椒拌炒。

④ 再加入二砂糖，拌炒至溶解。

⑤ 起鍋前，加入香油拌勻即可。

醋拌小黃瓜

以小黃瓜做成的清爽可口涼菜，尤其在夏天非常受歡迎。做法很簡單，將小黃瓜片加入鹽和醋拌醃一下即可。釋放水分的小黃瓜，吃起來更爽口。

材料
小黃瓜 180g

調味料 A
白砂糖 60g、糯米醋 60g、水 20cc

調味料 B
鹽 20g

做法

① 取鍋子，加入調味料A煮沸後，靜置放涼，備用。

② 小黃瓜洗淨，切成約0.2公分的薄片。

③ 取調理盆，加入小黃瓜片、鹽抓醃均勻，靜置10分鐘。

④ 倒掉盆中的水分，瀝乾小黃瓜片。

⑤ 取玻璃瓶，加入做法4、做法1，旋緊蓋子，放入冰箱冷藏6小時即可。

TIPS

- 玻璃瓶必須先以高溫水煮殺菌過，才可以使用。
- 夾取時，務必使用乾淨的器具，不能沾有油脂，避免壞掉。

辣高麗菜乾

辣高麗菜乾是台灣小吃攤上常見的涼拌配菜，大多是放在攤桌上，讓客人自行取用。吃起來爽脆開胃又順口，別有一翻滋味！更是豬腸冬粉不可或缺的最佳配角。

材料
高麗菜乾 200g、蒜仁 20g

調味料
辣椒醬 1 大匙、醬油膏 1 大匙、細糖 1 大匙、香油 1 大匙、辣油 1 小匙

做法

① 高麗菜乾泡水，沖洗去多餘的鹹味；蒜仁切末，備用。

② 取出高麗菜乾，擠乾、瀝乾水分。

③ 取鍋子，倒入食用油1大匙，加入蒜末爆香。

④ 加入高麗菜乾炒香，再加入所有調味料炒勻即可。

Chapter

1

飽足感滿點的
米飯麵食

　　充滿雞油香氣的雞肉飯、入口即化的滷肉飯、簡單美味的烏醋乾麵、
湯頭濃郁的牛肉麵；不只吃得巧，更要吃得飽！別以為小吃都只能吃著玩，
不管你是想吃飯？還是想吃麵？一次通通滿足，就是要讓你吃飽飽！

雞肉飯

3~4
人份

雞肉飯是道地的台灣國民美食，尤其又以嘉義的火雞肉飯最富盛名。一般在家裡烹煮雞肉飯，建議使用肉雞的雞胸肉或雞腿肉即可，準備食材上會比較方便。

材料

青蔥 1 根、薑 30g、紅蔥頭 100g、雞脂肪 300g、水 1000cc、米酒 30g、雞胸肉 700g、雞高湯 120cc、白飯 4 碗、醃黃蘿蔔片 適量

調味料

醬油 4 大匙、紹興酒 1 小匙、細砂糖 2 小匙、味素 1 / 2 小匙、雞油 1 大匙

事前準備

青蔥切段；薑、紅蔥頭切片；雞脂肪切碎。

做法

1 取湯鍋，加入水、米酒、蔥段、薑片煮滾，再加入雞胸肉，轉小火煮3分鐘，熄火，蓋上鍋蓋，燜15分鐘至熟，取出放涼。

2 煮熟的雞胸肉用叉子剝成雞絲，備用。

3 取鍋子，加入雞脂肪碎，炸出油脂，再加入紅蔥頭片，以小火炸至微金黃色，取出放涼，即為紅蔥頭酥，備用。

4 原鍋子，加入雞高湯、所有調味料，加熱至細砂糖融化，即為醬汁。

5 熱騰騰的白飯盛碗，放上雞肉絲、醃黃蘿蔔片，撒上紅蔥頭酥，淋上醬汁即可。

 師傅的秘訣筆記

- 無論是雞胸肉或雞腿肉，用浸泡滾水至熟的烹調方式，肉才會軟嫩多汁。

- 紅蔥酥要以小火慢慢炸，快上色時就要取出，利用餘溫上色，吃起來才不會苦澀。

- 如果買不到雞脂肪，可以用豬油代替。

飄香滷肉飯

5~6
人份

相信大家都吃過滷肉飯，店家大多使用耐煮、油脂多、價格較平價「槽頭肉」，但醬香、肉香拌上熱騰騰的白米飯，滿嘴油香膠質，沾滿雙唇，就讓人連扒好幾碗。經濟部連續多年舉辦台灣滷肉飯節，更讓滷肉飯在世界各地飄香。

材料

豬五花肉 1 公斤、蒜仁 50g、八角 2 粒、甘草 5g、豬骨高湯 2000cc、白飯 6 碗、醋拌小黃瓜 適量

調味料

冰糖 1 大匙、醬油 1 / 2 杯、米 酒 300g、老抽 1 小匙、五香粉 1 / 2 小匙、白胡椒粉 1 小匙、 味素 1 小匙、香油 1 大匙

事前準備

豬五花肉刷淨表皮，拔除殘毛，攤平放入冰箱冷凍 30 分鐘，取出，切約 1.5 公分 條狀；蒜仁切末。

做法

1 取鍋子，倒入食用油4大匙，加入豬五花 肉條，以中小火慢慢煸炒至微金黃色， 不要焦。

2 待豬油釋出，如果油量太多，則把油脂 稍微倒掉一些，再放入蒜末爆香。

3 加入冰糖、八角、甘草炒出糖香，再加 入醬油炒10秒，飄出醬香。

4 加入豬骨高湯、調味料（香油除外）煮 滾，轉小火，蓋上鍋蓋，慢燉50分鐘。

5 取出八角、甘草，以小火燉煮10分鐘， 再加入香油拌勻，熄火，蓋上鍋蓋，燜1 小時熟成後，淋在熱騰騰的白飯上，放 上醋拌小黃瓜即可。

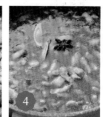

──── 師傅的秘訣筆記 ────

- 滷肉建議一次煮多一點，會更好吃，也能做成冷凍 調理包，方便享用。

- 煮好的肉要熄火再燜，肉才會入口即化，避免肥瘦 分離，熟成後風味更佳。

焢肉飯

7~8 人份

油油亮亮的焢肉，放在白米飯上，再淋上充滿膠質的醬汁，真是美味極了！焢肉是便當菜及上班族午餐的最愛之一，想吃一碗銷魂美味的焢肉飯？自己動手做吧！

材料

帶皮豬五花肉 1 公斤、青蔥 5 根、辣椒 1 根、水 2000cc、米酒 2 大匙、薑片 40g、蒜仁 40g、豬骨高湯 2000cc、萬用滷包 1 包、白飯 8 碗

調味料

醬油 1 / 2 杯、冰糖 1 大匙、米酒 1 杯、紹興酒 1 杯、白胡椒粉 1 / 2 小匙、味素 1 小匙

事前準備

豬五花肉刮除表皮角質，拔除殘毛；青蔥切段；辣椒對剖。

做法

1   取鍋子，加入水、米酒、蔥段3根、薑片2片煮滾，再加入豬五花肉煮滾，撈除浮沫，轉小火煮25分鐘，取出放涼。

2   將豬五花肉切成厚2公分的片狀。

3   取不沾鍋，加入豬五花肉片，煎至兩面微焦，備用。

4   取鍋子，加入蔥段、薑片、蒜仁、辣椒爆香。

5   加入煎好的豬五花肉、豬骨高湯、滷包、所有調味料煮滾，轉小火，燉煮1.5小時至入味油亮。

6   熱騰騰的白飯盛碗，放上焢肉，淋上醬汁即可。

秘 師傅的秘訣筆記

- 五花肉煮至八分熟再切片，形狀比較完整好看。

- 滷汁還可以用來滷筍乾、滷白煮蛋，這樣就有好吃的配料了。

筒仔米糕

3~4 人份

筒仔米糕是使用糯米烹調而成的小吃，和油飯、米糕類似，不同的是將糯米裝入不銹鋼桶中蒸熟。糯米 Q 彈，吸收雞湯，所以非常美味。也可以用滷肉代替肉燥，呈現不同的風味。

材料

A ▶ 長糯米 300g、圓糯米 60g、米糕桶 4 個、肉燥 120g、小滷蛋 8 個、雞高湯 280cc、香菜適量

B ▶ 番茄醬 2 大匙、海山醬 1 大匙、白味噌 1 大匙、細砂糖 1 大匙、水 180cc、糯米粉 1 小匙、香油 1 小匙

調味料

醬油 1 大匙

事前準備

長糯米、圓糯米混合，洗淨，瀝乾水分（不用浸泡）。

做法

1 米糕桶內側刷上少許香油（份量外）。

2 底部各別加入肉燥30g、小滷蛋2個，再加入糯米90g。

3 雞高湯加入調味料拌勻，平均倒入每個米糕桶，放入電鍋，蒸煮30分鐘，再燜5分鐘至熟。

4 取鍋子，加入所有材料B，煮滾拌勻，即為米糕醬。

5 用小刀將米糕桶內側刮一圈，倒扣盛盤。

6 淋上米糕醬，撒上香菜即可。

—————— 秘 師傅的秘訣筆記 ——————

● 本配方使用兩種糯米，吃起來 Q 彈、黏性兼具。

● 糯米不需要浸泡以及汆燙，能更方便省事、快速。

傳統油飯

**3~4
人份**

在宴席上總少不了油飯，不過為了增加豐富度，餐廳大多會加入干貝、臘味、烏魚子、櫻花蝦等，但在小吃中，則以香菇、乾蝦米、魷魚、肉絲最具特色，美味又不花俏，平價又有飽足感，與蘿蔔湯最對味。

材料

乾香菇 20g、乾魷魚 60g、乾蝦米 10g、乾蓮子 50g、去皮豬五花肉 120g、蒜仁 10g、長糯米 600g、胡麻油 2 大匙、豬油 2 大匙、雞高湯 200cc、油蔥酥 30g、香菜 30g

調味料

米酒 1 大匙、五香粉 1 / 2 小匙、白胡椒粉 1 / 2 小匙、鹽 1 / 2 小匙、味素 1 小匙、香油 1 小匙

事前準備

乾香菇、乾魷魚泡水至軟,切絲;乾蝦米泡水至軟;乾蓮子洗淨,泡水至軟,摘除蓮子心;去皮豬五花肉切絲;蒜仁切末;長糯米洗淨,瀝乾。

做法

1 長糯米加入水420cc,放入電鍋,外鍋倒入水1.5杯,蒸30分鐘再燜5分鐘。

2 取鍋子,加入胡麻油、豬油、蒜末、香菇絲、蝦米、豬肉絲、魷魚絲爆香,再加入乾蓮子、所有調味料。

3 然後,加入雞高湯,以中小火煮滾。

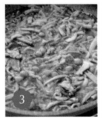 

4 加入做法1的長糯米,以小火拌炒均勻至入味上色。

5 盛盤,撒上油蔥酥、香菜即可。

—————— 秘 **師傅的秘訣筆記** ——————

● 這道食譜的做法是水煮法,糯米和水的比例為 1:0.7,不用浸泡糯米。

● 建議使用不沾鍋,會比較好拌炒。

肉粽

4~5
人份

肉粽是端午節的必吃料理。因烹調方式不同,區分為北部粽與南部粽,北部粽是將糯米炒過後,與餡料包入粽葉蒸熟;南部粽則是糯米與餡料包入粽葉後水煮至熟。

材料

長糯米 300g、豬梅花肉 100g、乾香菇 15g、鹹蛋黃 5 粒、紅蔥頭 40g、粽葉 10 片、水 150cc、棉繩 1 束

調味料

醬油 2.5 大匙、白胡椒粉 1 大匙、米酒 1.5 大匙、五香粉 1 小匙

事前準備

長糯米洗淨泡水 30 分鐘，瀝乾；豬梅花肉切 5 大塊；乾香菇泡水至軟；鹹蛋黃以少許米酒（份量外）拌醃；紅蔥頭切片；粽葉剪去蒂頭及少許尾端，泡水至軟。

做法

1　取鍋子，以中火熱鍋，倒入食用油1大匙，加入紅蔥頭爆香，再加入豬梅花肉塊、香菇炒香，加入水、所有調味料，以小火炒約5分鐘，取出，備用。

2　原鍋保留醬汁，加入長糯米，以小火拌炒至湯汁收乾。

3　取2片粽葉頭對頭重疊，從頂端約1 / 5處折起成漏斗狀，先放入約1大匙糯米，鋪上豬梅花肉塊、香菇、鹹蛋黃，再填入1大匙的糯米。

4　粽葉順著的漏斗狀覆蓋糯米後，粽葉左右兩側向下捏緊，並反轉粽子成三角錐狀，多餘的粽葉往上折起後，往粽子的側面折疊壓緊。

5　以棉繩繞2圈後打活結綁緊，並依序包好所有肉粽。

6　將包好的肉粽放入滾水中（水量蓋過粽子），以中火煮40分鐘至糯米熟透即可。

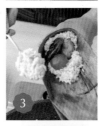

—— 秘 **師傅的秘訣筆記** ——

- 肉粽餡料可依個人的喜好替換，花生、栗子、蘿蔔乾、乾蝦米、乾魷魚都是不錯的食材。

蝦仁炒飯

顧名思義就是炒飯中加了蝦仁，炒飯好吃的標準，必須米粒粒分明，要有鑊氣、醬香味，並且要乾爽，所以快炒店的炒飯特別香，就是要用鐵鍋大火不斷的翻炒，才能有這個味道。

材料

白米 500g、蝦仁 200g、青蔥 40g、胡蘿蔔 50g、高麗菜 120g、雞蛋 4 個

調味料

A ▸ 米酒 1 小匙、鹽 1 / 2 小匙、白胡椒粉 1 / 2 小匙

B ▸ 醬油 1 大匙、鹽 1 小匙、白胡椒粉 1 / 2 小匙、黑胡椒粒 1 小匙、香油 1 大匙

事前準備

白米洗淨瀝乾，以 2.5 杯水（米 1：水 0.9）煮成白飯；蝦仁挑除腸泥；青蔥切成蔥花；胡蘿蔔切絲；高麗菜切小丁；雞蛋打散成蛋液。

做法

1　取調理碗，加入蝦仁、調味料A拌勻，醃10分鐘。

2　醃好的蝦仁放入滾水，汆燙至8分熟，取出，備用。

3　取鍋子，倒入食用油4大匙，加入蛋液炒散。

4　加入熱白飯不斷翻炒，再加入調味料B，炒至飄出醬油香氣。

5　加入蔥花、胡蘿蔔絲、高麗菜丁、蝦仁炒熟，最後加入香油，以大火拌炒均勻即可。

—————— 師傅的秘訣筆記 ——————

* 炒飯的白飯可以用現煮的，但不能太濕，因為蔬菜會出水。

* 蝦仁可以先炒過，避免腥水被白飯吸收，或蝦仁沒熟的狀況。

元氣飯糰

3~4 人份

飯糰是大受歡迎的人氣早餐之一。以糯米為主，內餡大多有油條、菜脯、雞蛋、肉鬆等，各式各樣的材料，讓吃起來的滋味非常豐富。另外，也可以加入起司片、豬肉片、香腸等，讓飯糰更澎派。

材料

長糯米 300g、圓糯米 100g、蘿蔔乾 100g、酸菜 100g、蒜仁 30g、辣椒 1 根、青蔥 30g、老油條 1 根、雞蛋 4 個、肉鬆 50g

事前準備

長糯米、圓糯米洗淨，泡水 6 小時，瀝乾水分；蘿蔔乾切碎，洗淨，泡水 20 分鐘，去除多餘的鹹味，擠乾水分；酸菜洗淨，切絲，泡水 20 分鐘，擠乾水分；蒜仁切末；辣椒切圈；青蔥切花；老油條切段。

做法

1　取蒸籠，鋪上蒸籠布，加入長糯米、圓糯米鋪平，再以手指插一些空隙，增加透氣性，蒸煮30分鐘，熄火，燜10分，保溫備用。

2　取調理碗，打入雞蛋，加入調味料A、蔥花拌勻，熱鍋倒入少許食用油、蛋液，煎成蔥花蛋，取出備用。

3　取鍋子，加入酸菜絲，炒乾水分，再加入少許食用油、蒜末、辣椒圈爆香，再加入調味料B炒勻，取出備用。

4　原鍋，加入蘿蔔乾碎，乾炒至香味釋出，再加入少許食用油、蒜末、辣椒圈爆香，加入調味料C炒勻，取出備用。

5　取飯糰單片袋子，鋪上糯米飯160g攤開，再鋪上所有餡料，包紮實捲起即可。

調味料

A ▸ 鹽 1 / 2 小匙、米酒 1 小匙

B ▸ 醬油 1 小匙、細砂糖 1 小匙、白胡椒粉 1 / 4 小匙、香油 1 / 2 小匙

C ▸ 醬油 1 小匙、細砂糖 1 小匙、白胡椒粉 1 / 4 小匙、香油 1 / 2 小匙

師傅的秘訣筆記

● 這款飯糰的糯米是使用乾蒸法，所以糯米必須泡水 6 小時以上。

● 蘿蔔乾、酸菜絲先以乾鍋炒香，能讓食材更有香氣且乾爽好吃。

鹹粥

一碗簡單的鹹粥可以是一天滿滿的元氣，也可以晚上暖胃的宵夜。早期白米昂貴，貧窮人家便加入便宜的地瓜煮成番薯粥，以求溫飽，時至今日發展出有在地特色的肉粥、虱目魚粥等。

3~4 人份

材料
乾香菇 20g、乾蝦米 20g、芹菜 20g、豬絞肉 150g、水 1000cc、白飯 320g、豬油蔥 20g

調味料
鹽 1 小匙、味素 1 小匙、胡椒粉 1／2 小匙

事前準備
乾香菇泡水至軟，切絲；乾蝦米泡水至軟，瀝乾；芹菜切末，備用。

做法
1 取鍋子，以中火熱鍋，倒入食用油1大匙，加入香菇絲、蝦米炒香。
2 再加入豬絞肉，拌炒至飄出香氣。
3 加入水，煮滾後，加入熟白飯。
4 以中小火將白飯攪拌煮至軟，再加入鹽、味素調味。
5 起鍋前，加入豬油蔥拌勻，食用時撒上胡椒粉、芹菜末即可。

㊙ 師傅的秘訣筆記
• 使用煮熟的白飯，不須久煮，可避免米飯糊掉，並且有粒粒分明的口感。
• 如果想要有糜粥的口感，能以小火多熬煮一下。
• 如使用生米煮，米和水的比例為米 1：水 10。

牛肉麵

3~4
人份

52

全台大街小巷都有很多特色牛肉麵店，牛肉麵可說是台灣相當具有代表性的料理，在國際上也有很高的知名度，也吸引了很多外國人來台灣嘗鮮。

材料

A ▸ 牛肋條 800g、紗布袋 1 個、牛油 2 大匙、牛骨高湯 3500cc、乾麵條 4 份、小白菜 200g

B ▸ 八角 2 粒、草果 2 粒、桂皮 5g、月桂葉 3 片、甘草 3g、花椒 2g

C ▸ 洋蔥 1 個、青蔥 2 根、辣椒 1 根、薑 50g、蒜仁 30g

調味料

A ▸ 黑豆瓣醬 2 大匙、辣豆瓣醬 1 大匙

B ▸ 醬油 40g、冰糖 1 匙、米酒 2 大匙、味素 1 小匙、白胡椒粉 1 / 2 小匙、番茄醬 2 大匙

事前準備

牛肋條切 8 公分段；材料 B 稍微用清水沖洗過；洋蔥去皮，切塊；青蔥半根切成蔥花，其餘切 5 公分段；辣椒切兩段；薑切片，備用。

做法

1　草果稍微拍裂，再與其他材料B一起，用紗布袋包好，備用。

2　牛肋條段放入滾水汆燙，取出沖洗乾淨。

3　取鍋子，加入牛油、材料C爆香，加入牛肋條、調味料A炒香。

4　加入牛骨高湯、做法1、調味料B，轉小火煮60分鐘，熄火，備用。

5　麵條放入滾水煮熟，取出，再放入小白菜燙熟，盛碗。

6　最後盛入牛肋條、牛肉湯，撒上蔥花即可。

秘 **師傅的秘訣筆記**

● 煮麵條時，要加入比麵還多 3 ～ 4 倍的滾水，並且要不時攪拌，避免麵條沾黏。

擔仔麵

發源於台南的小吃，是漁民在颱風侵擾，不易出海捕魚的夏季，挑著扁擔，叫賣的麵食小吃，「擔仔（tà ～á）」即台語「挑肩擔」之意。一般會用蝦頭、蝦殼熬湯，再淋上肉燥，湯色若濃茶，最後加上一瓢蒜泥。

3~4
人份

材料

鮮蝦 8 隻、韭菜 50g、蒜仁 20g、滷蛋 2 個、水 1500cc、油麵 300g、豆芽菜 100g、肉燥 4 大匙

調味料

鹽 1 小匙、味素 1 小匙、白胡椒粉 1 小匙

事前準備

鮮蝦去頭去殼，保留尾巴，挑去腸泥；韭菜切小段；蒜仁切末；滷蛋對半切，備用。

做法

1　鮮蝦放入滾水，燙煮至熟，取出，備用。

2　取鍋子，以中火熱鍋，倒入食用油1大匙，加入蒜末、蝦頭，炒至蝦頭變紅。

3　加入水，熬煮至橘紅色，取出蝦頭，再加入所有調味料，即為蝦高湯。

4　油麵放入滾水燙熟，取出，盛碗。

5　韭菜、豆芽菜放入滾水燙熟，取出，鋪於油麵上。

6　最後加入肉燥1大匙、鮮蝦、滷蛋、蝦高湯即可。

—— 秘 師傅的秘訣筆記 ——

● 蝦高湯也能替換成豬高湯或雞高湯，賦予擔仔麵的不同風味。

麻醬麵

麻醬麵是麵店裡最熱門的麵食，簡單樸素，卻有著令人回味的魔力，能依個人的喜好替換成黃麵、寬麵或細麵，那種濃醇的風味，實在是經典之最。

3~4
人份

材料

青蔥 40g、蒜仁 30g、飲用冷水 75cc、陽春麵 400g

調味料

白芝麻醬 4 大匙、花生醬 1 大匙、香油 2 小匙、醬油 4 大匙、細砂糖 2 小匙、烏醋 1 小匙、麻油 1 小匙

事前準備

青蔥切成蔥花；蒜仁磨成泥，備用。

做法

1　取調理碗，加入白芝麻醬、花生醬、香油、飲用冷水攪拌均勻。

2　加入醬油、細砂糖、烏醋、蒜泥拌勻，即為麻醬。

3　陽春麵放入滾水，等再次煮滾後，加入水（重複煮滾、加水兩次）。

4　麻醬盛入碗中，加入燙熟的麵條，再加入燙麵水1大匙。

5　淋上麻油，撒上蔥花即可。

────── 秘 **師傅的秘訣筆記** ──────

● 為了避免麵條黏糊，煮麵的水要多，而且要等水沸騰才能下鍋；煮的過程中要快速攪拌，讓麵條表面的麵粉脫落，才能煮出好吃的麵條。

炸醬麵

3~4
人份

台式炸醬麵是台灣具有代表性的國民美食之一，簡單的燙個麵，淋上炸醬就很美味，口味上有重鹹、香甜、香辣，各種美味，各有千秋。

材料

小黃瓜 80g、胡蘿蔔 10g、五香豆乾 8 個、蒜仁 30g、雞蛋 2 個、豬絞肉 300g、水 100cc、關廟麵 400g

調味料

黑豆瓣醬 2 大匙、甜麵醬 3 大匙、醬油 2 大匙、米酒 1 大匙、細砂糖 2 小匙、白胡椒粉少許

事前準備

小黃瓜、胡蘿蔔切絲，泡冰水；豆乾切 1 公分小丁；蒜仁切碎；雞蛋打散成蛋液，備用。

秘 師傅的秘訣筆記

● 炸醬若沒吃完，放涼後以保鮮夾鏈袋分裝，盡可以壓扁，放入冰箱冷凍保存，要吃時再拿出來復熱，美味依舊又方便。

做法

1　取鍋子，熱鍋後倒入食用油少許，用廚房餐巾紙均勻抹開，再加入蛋液，煎成蛋皮，取出，切絲，備用。

2　原鍋，以中火熱鍋，倒入食用油1大匙，加入豬絞肉炒香。

3　再加入蒜碎、豆乾丁，以小火炒至豆乾微微上色。

4　加入黑豆瓣醬、甜麵醬炒香，再加入水、其他的調味料，拌煮至水分蒸發成濃稠狀，即為炸醬。

5　將關廟麵放入滾水，汆燙至熟，盛入碗中。

6　淋入炸醬1大匙，加入小黃瓜絲、胡蘿蔔絲、蛋皮絲即可。

台南鱔魚麵

3~4 人份

炒鱔魚麵是台南的在地小吃之一，師傅以大火快炒，瞬間看到鍋內冒出火焰，唯有如此，才會聞到誘人的香氣，酸甜風味更是擄獲不少人的味蕾。

材料

新鮮鱔魚片 4 條、洋蔥 1 / 2 個、青蔥 1 根、高麗菜 200g、辣椒 10g、蒜仁 20g、薑 10g、意麵 4 份、豬油 3 大匙、胡麻油 1 大匙、水 600cc、太白粉水 4 大匙

調味料

醬油 2 大匙、細砂糖 1 大匙、白胡椒粉 1 小匙、味素 1 小匙、米酒 2 大匙、烏醋 2 大匙、香油 1 大匙

事前準備

鱔魚斜切 5 公分菱形片；洋蔥切細條；青蔥切段；高麗菜切小片；辣椒切片；蒜仁、薑切末，備用。

做法

1　意麵放入滾水汆燙1分鐘，取出，盛盤，備用。

2　取鍋子，倒入豬油、胡麻油，加入蒜末、薑末、洋蔥條、蔥段、辣椒片，以大火爆香。

3　加入鱔魚片，大火爆炒至熟。

4　加入水、調味料（香油以外）、高麗菜片煮滾，再加入太白粉水勾芡。

5　起鍋之前，淋入香油。

6　最後，淋在做法1的意麵上即可。

秘 師傅的秘訣筆記

- 台南意麵是油炸麵體，經過滾水汆燙，能去除一些油脂。

- 有的店家會先將配料取出，加入意麵吸取湯汁，盛盤後再放上材料。

- 鱔魚不能炒太久，會失去脆度。

台灣涼麵

3~4 人份

天氣炎熱難耐時,來一盤冰涼的涼麵最消暑了!美味好吃的涼麵,麵條必須要 Q 彈,醬汁的香味要濃郁,不可以黏稠。

材料

A ▸ 小黃瓜 120g、胡蘿蔔 80g、雞蛋 2 個、細油麵 600g、香油 2 大匙

B ▸ 白芝麻醬 4 大匙、花生醬 2 大匙、白醋 3 大匙、細砂糖 2 大匙、醬油 5 大匙、飲用冷水 5 大匙、香油 2 大匙

調味料

蒜泥 3 大匙、辣油 2 大匙

事前準備

小黃瓜切細絲，胡蘿蔔削皮後切細絲，再以飲用水清洗過；雞蛋打散成蛋液，備用。

做法

1　取不沾鍋，均勻抹上少許的食用油，加入蛋液，煎成蛋皮，取出，切成蛋絲，備用。

2　細油麵放入滾水，汆燙20秒，取出瀝乾水分。

3　加入香油拌勻後攤開，用電風扇邊吹邊拌快速降溫，備用。

4　取調理碗，加入材料B拌勻，即為涼麵醬汁。

5　取細油麵盛盤，放上小黃瓜絲、胡蘿蔔絲、蛋絲，淋上醬汁，再依個人喜好加入蒜泥、辣油即可。

—————— 秘 師傅的秘訣筆記 ——————

● 細油麵燙過後，要馬上取出來，拌入少許香油，避免麵條吸水變軟，並用電風扇吹涼，讓麵條變得 Q 彈美味。

● 醬汁與蒜泥不可以事先混合在一起，會變味，而且保存不易。

烏醋乾麵

3~4
人份

烏醋乾麵的材料非常陽春，但味道卻非常美味，完全不嗆，又有淡淡油香，吃起來麵條很滑順又有勁道，再加上豆芽的清脆，絕配啊！也可以加入一些沙茶醬，更有不同的風味。

材料

青蔥 1 根、蒜仁 50g、飲用冷水 100cc、豆芽菜 120g、新鮮白麵條 4 份

調味料

醬油 4 大匙、蠔油 4 小匙、烏醋 4 大匙、香油 1 大匙、白胡椒粉 1 / 2 小匙

事前準備

青蔥切成蔥花，備用。

做法

1 取調理機，加入蒜仁、冷水，攪打成蒜泥。

2 取調理碗，加入所有調味料、蒜泥拌勻，備用。

3 豆芽菜放入滾水汆燙，取出，備用。

4 再加入白麵條燙熟，瀝乾水分，盛碗。

5 放上燙好的豆芽，趁熱淋上做法2，撒上蔥花即可。

—— 秘 **師傅的秘訣筆記** ——

● 煮新鮮麵條的水要多，如果水太少，麵粉糊化，煮麵水就會變稠，這樣煮出來的麵條就不爽口了。

● 可以依個人喜好，斟酌加入辣椒醬享用。

炒粄條

將米磨成漿，製成的米食通稱為「粄」，而粄條就是米漿蒸熟後切成條狀，是客家人傳統的米食。新竹新埔與高雄美濃是台灣兩大粄條出名的地區，有「北新埔、南美濃」的說法。

3~4
人份

材料

乾蝦米 20g、乾香菇 20g、韭菜 70g、洋蔥 50g、胡蘿蔔 50g、豬肉絲 100g、粄條 300g、豬油蔥 50g

調味料

醬油膏 1 大匙、米酒 1 小匙、鹽 1 小匙、味素 1 小匙、白胡椒粉 1 小匙

事前準備

乾蝦米泡水至軟，瀝乾；乾香菇泡水至軟，切絲（留下香菇水）；韭菜切段；洋蔥順紋切絲；胡蘿蔔去皮切絲，備用。

做法

1 取鍋子，以中火熱鍋，倒入食用油2大匙，加入蝦米、香菇絲炒香。

2 加入豬肉絲，炒至熟透，再加入洋蔥絲、胡蘿蔔絲拌炒一下。

3 加入粄條、香菇水適量，煮至沸騰，再加入所有調味料拌勻。

4 加入韭菜，拌炒至水分收乾。

5 最後，加入豬油蔥拌勻即可。

—— 秘 **師傅的秘訣筆記** ——

• 粄條不易久放，所以別一次採購太多，若沒吃完可先放冷藏保存。

• 粄條也可以先以熱水汆燙，再放入鍋中翻炒，此方式不需要再額外加水，避免失去口感。

炒米粉

3~4
人份

在台灣，尤其以新竹城隍廟口小吃攤的米粉，和埔里米粉最為
人所稱道。依烹調方式，一般分為炒米粉和湯米粉兩種，而最
受歡迎的就是炒米粉了。

材料

乾米粉 150g、乾蝦米 20g、乾香菇 30g、胡蘿蔔 50g、洋蔥 50g、
韭菜 30g、高麗菜 80g、豬肉絲 80g

調味料

醬油3大匙、米酒2大匙、白胡椒粉1小匙、鹽1小匙、味素1小匙、
烏醋 2 小匙

事前準備

乾米粉洗淨即可，無須泡水；乾蝦米泡水至軟，瀝乾；乾香菇泡水至軟，切絲（留
下香菇水 350cc）；胡蘿蔔切絲；洋蔥順紋切絲；韭菜切段；高麗菜切片，備用。

做法

1　取鍋子，以中火熱鍋，倒入食用油2大
　匙，加入蝦米、香菇絲炒香。

2　加入豬肉絲炒至半熟飄香，再加入洋蔥
　絲、胡蘿蔔絲拌炒一下。

3　加入所有調味料、香菇水350cc、高麗菜
　片、乾米粉，並將米粉壓入水中。

4　蓋上鍋蓋，燜煮約3分鐘。

5　燜煮至鍋底沒有水分。

6　起鍋前，加入韭菜段拌勻即可。

🔒 師傅的秘訣筆記

• 米粉加熱後容易斷裂，建議使用筷子來拌炒。

大腸麵線

大腸麵線是閩南地區及台灣常見的麵食小吃,是以麵線製成的湯麵,依據加入的配料,除了豬大腸之外,常見的還有蚵仔麵線、麵線糊等。

3~4
人份

材料

蒜仁 30g、紅麵線 200g、柴魚高湯 2000 cc、地瓜粉 3 大匙、水 3 大匙、滷大腸 100g、香菜 30g

調味料

鹽 1 小匙、柴魚粉 1 小匙、醬油 1 小匙、香油 1 小匙、烏醋 1 小匙

事前準備

蒜仁磨成泥;紅麵線泡冷水至軟,剪成小段,備用。

做法

1 取鍋子,加入柴魚高湯煮沸,再加入紅麵線,以小火煮8分鐘。

2 加入鹽、柴魚粉調味,再加入醬油調成至淡淡的琥珀色。

3 取調理碗,加入地瓜粉、水,攪拌均勻。

4 慢慢加入麵線勾芡,煮沸後熄火。

5 最後,加入滷大腸、香油、烏醋、香菜、蒜泥即可。

秘 師傅的秘訣筆記

* 勾芡時,要一邊慢慢倒入地瓜粉水,一邊以畫同心圓的方式快速攪拌。記得別一次倒入鍋中,避免結塊。

麻油雞麵線

3~4
人份

一般女性坐月子時，通常會吃麻油雞來進補，麻油雞的湯底以麻油、米酒、薑為主要的材料。冬天時，來一碗熱騰騰的麻油雞麵線，讓人身心靈都暖呼呼。

材料

枸杞20g、薑80g、高麗菜200g、棒棒雞腿4支、水2000cc、白麵線400g

調味料

米酒200g、鹽1小匙、味素2小匙、麻油4大匙

事前準備

枸杞洗淨瀝乾；薑不去皮，切薄片；高麗菜切小片，備用。

做法

1　取鍋子，以中火熱鍋，倒入食用油1大匙，加入薑片，以小火焗成微捲曲狀。

2　加入棒棒雞腿，轉大火，煎至表面無血色。

3　加入米酒煮沸後，加入水，轉小火煮15分鐘，再加入高麗菜、枸杞、其他的調味料拌勻，備用。

4　麵線放入滾水燙熟，取出，盛碗。

5　最後，加入做法3的湯料即可。

 師傅的秘訣筆記

● 以麻油直接爆香薑片，易產生焦苦味，且營養不易保留，調味時才放入麻油，更能保有風味與營養。

當歸鴨麵線

3~4
人份

當歸鴨麵線是台灣相當傳統的進補料理，鴨肉細嫩、湯頭清澈回甘，爽口又美味，搭配上麵線，真是冬天最暖心暖胃的小吃。

材料

A ▸ 太空鴨 1 / 2 隻、老薑 50g、水 3000cc、老菜脯 30g、紅棗 30g、枸杞 10g、白麵線 200g、薑絲適量、當歸米酒適量

B ▸ 當歸 12g、川芎 6g、桂皮 5g、黃耆 10g、黨蔘 10g、熟地 10g

調味料

鹽 1 小匙、冰糖 1 大匙、米酒 200g

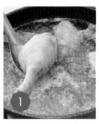
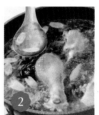
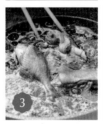

事前準備

太空鴨洗淨，拔除殘毛，剁成塊狀；老薑切片；材料 B 稍微沖洗，備用。

做法

1 鴨肉塊放入滾水，汆燙2分鐘，去除血水，取出。

2 取鍋子，加入水、鴨肉塊、老薑片、老菜脯、材料B、所有調味料煮滾，轉小火慢燉約40分鐘。

3 加入紅棗、枸杞，再煮5分鐘至鴨肉煮軟，關火。

4 另外準備一鍋滾水，加入白麵線煮熟，盛碗。

5 加入做法3，放上薑絲，滴入當歸米酒即可。

㊙ **師傅的秘訣筆記**

● 當歸鴨湯，加了陳年老菜脯，讓湯頭回甘又滋補。如果沒有陳年老菜脯，可用罐頭花瓜代替，也有不同的風味。

● 最後淋上自製的當歸米酒，香氣撲鼻，有畫龍點睛的效果。

鼎邊趖

3~4人份

鼎邊趖以基隆廟口最為知名，是相當獨特的台灣小吃，製作過程與春捲皮相似，不同之處在於材料，春捲皮是使用麵粉，鼎邊趖則是用米糊，沿著水鍋邊緣抹成薄片，口感類似粿仔條。

材料

A ▶ 乾香菇 10g、乾魷魚 20g、乾蝦米 10g、芹菜 20g、小魚乾 15g、柴魚高湯 1000cc

B ▶ 甜不辣 100g、竹筍 40g、高麗菜 120g、蝦仁 60g、金針 8 條、油蔥酥 5g

C ▶ 在來米粉 180g、低筋麵粉 20g、地瓜粉 20g、水 280cc

調味料

鹽 1 小匙、白胡椒粉 1 / 2 小匙、味素 1 小匙、香油 1 大匙

事前準備

乾香菇、乾魷魚泡水至軟，切絲；乾蝦米泡水至軟；芹菜切末；甜不辣切塊；竹筍切絲；高麗菜切絲，備用。

做法

1　取調理盆，加入材料C拌勻，即為粉漿。

2　取中華鍋，加入水（份量外），維持鍋底有水滾沸，再用紙巾擦一層薄油，稍微加熱。

3　舀入適量的粉漿，均勻覆蓋鍋面，蓋上鍋蓋，加熱至熟，取出切條，備用。

4　取鍋子，倒入食用油1大匙，加入香菇絲、魷魚絲、蝦米、小魚乾炒香。

5　加入柴魚高湯、材料B、所有調味料煮滾。

6　加入做法3，撒上芹菜末即可。

──────── 秘 **師傅的秘訣筆記** ────────

- 建議使用中華鍋來烹調；並且倒入粉漿後，要搖晃一下鍋面，厚薄度才會均勻。

- 鼎邊趖的配料可依個人喜好替換，因是基隆特色美食，所以建議以有鮮味的海鮮為主。

粗米粉湯

3~4
人份

米粉湯在每個夜市都有，而且都會大排長龍。早期都是坐木板凳，圍著攤車大家相臨而坐。一大鍋滿滿的粗米粉湯，以及很多的新鮮豬內臟，煮出來的乳白色的高湯，再被米粉吸收，真的非常美味。

材料

乾粗米粉 200g、青蔥 1 根、薑 30g、芹菜 50g、油豆腐 4 個、肝連 1 付、豬骨高湯 400cc、油蔥酥 30g

調味料

鹽 1 大匙、米酒 1 大匙、味素 1 大匙、白胡椒粉 1 大匙、香油 1 大匙

事前準備

乾粗米粉泡水至軟，剪適當的長度；青蔥切段；薑一半切片，一半切絲；芹菜切末，備用。

做法

1　油豆腐用熱水沖洗乾淨，備用。

2　肝連放入滾水，加入青蔥1根、薑片2片，汆燙3分鐘，取出，洗淨。

3　取鍋子，加入豬骨高湯、肝連煮滾，轉小火煮20分鐘，再加入油豆腐、粗米粉、調味料（香油以外），繼續煮20分鐘。

4　待肝連煮軟，取出，切片。

5　盛碗，加入香油、油蔥酥，放上肝連片、薑絲，撒上芹菜末即可。

師傅的秘訣筆記

- 煮肝連的過程都要保持小火，肝連才會煮得軟爛。
- 如果不加入肝連的話，豬骨高湯可以換成雞高湯。
- 每個品牌的粗米粉，烹煮時間會有差異，請依實際狀況，斟酌調整。

豬腸冬粉

3~4人份

乳白色的豬骨高湯,加入冬菜提味,喝起來甘甜清香。加上爽口的冬粉與脆口的豬腸,就是迷人的台灣小吃豬腸冬粉!另外,再加入辣高麗菜乾,口感層次再提升。

材料

A ▸ 冬粉 4 把、薑 20g、青蔥 1 根、豬小腸 600g、水 1200cc、米酒 2 大匙、豬骨高湯 1000cc、冬菜 30g、辣高麗菜乾適量

B ▸ 中筋麵粉 120g、白醋 1 大匙、鹽 1 大匙

調味料

鹽 1 / 2 小匙、味素 1 小匙、白胡椒粉 1 / 4 小匙、米酒 1 大匙、香油 1 小匙

事前準備

冬粉泡水至軟;薑切片;青蔥切段,備用。

做法

1 取調理盆,加入豬小腸、材料B,反復搓揉,再以溫水洗淨。

2 翻面,用剪刀剪去多餘的油脂。

3 取鍋子,加入水、豬小腸,煮滾後,汆燙5分鐘,取出洗淨。

4 放入電鍋,加入米酒、蔥段、薑片,外鍋加入2杯水,煮至電源跳起,再燜20分鐘至能用筷子輕輕插入,取出,切3公分小段。

5 取鍋子,加入豬骨高湯、冬菜、所有調味料煮滾,加入豬小腸煮5分鐘,再加入冬粉煮熟。

6 盛碗,放上辣高麗菜乾即可。

 師傅的秘訣筆記

● 做法 2 不用完全將肥油剪去,保留一些油脂,豬小腸才會肥潤好吃。

宜蘭米粉羹

3~4 人份

這道宜蘭的獨特小吃，湯底用豬骨和海鮮結合熬製，湯頭濃郁甘甜，各種配料的口感在口中交織著，撲鼻而來的蒜香、蘿蔔乾的香，讓人放不下瓢羹。

材料

乾粗米粉 200g、蘿蔔乾 100g、新鮮黑木耳 60g、胡蘿蔔 50g、條狀甜不辣 6 條、豬油 20g、小魚乾 30g、豬骨高湯 3000cc、地瓜粉 60g、水 120cc、油蔥酥 50g、香菜 50g

調味料

A ▸ 醬油膏 1 大匙、白胡椒粉 1／2 小匙、香油 1 小匙

B ▸ 醬油 3 大匙、鹽 1 小匙、柴魚粉 1 小匙

C ▸ 烏醋適量、蒜泥適量

事前準備

乾粗米粉泡水 1 小時，剪成 10 公分段；蘿蔔乾切碎，泡水 10 分鐘，擠乾水分；黑木耳切絲；胡蘿蔔去皮，切絲；甜不辣切 2 公分圓片，備用。

做法

1 取鍋子，加入蘿蔔乾碎，以乾鍋炒香，再加入少許食用油、調味料A炒香，取出，備用。

2 原鍋倒入豬油，加入甜不辣片，炒至微焦，取出，備用。

3 取鍋子，加入小魚乾，乾炒出香味，再加入甜不辣、木耳絲、胡蘿蔔絲、豬骨高湯煮滾，加入米粉、調味料B，煮約10分鐘。

4 取調理碗，加入地瓜粉、水調勻，再加入鍋中勾芡。

5 盛碗，撒上辣蘿蔔乾、油蔥酥、香菜，淋上調味料C拌勻即可。

──── 秘 師傅的秘訣筆記 ────

● 甜不辣炒上色後，先取出來，最後再加入，這樣口感會比較好。

● 配料可依個人喜好再加入筍絲、香菇絲或是乾蝦米等。

花枝羹麵

3~4 人份

花枝羹、蝦仁羹、蚵仔羹等，這些都是大家喜愛、歡迎的台灣小吃，然後都可以加入麵條或白飯，更有飽足感。而花枝羹麵，有鮮嫩酥脆的花枝，滑順的湯頭，酸香味十足。

材料

A ▸ 花枝 400g、雞蛋 1 個、地瓜粉 100g、柴魚高湯 1200g、太白粉水 120g、油麵 480g、香菜 15g、蒜酥適量

B ▸ 米酒 1 大匙、白胡椒粉 1 / 4 小匙、蔥薑汁 1 大匙、柴魚粉 1 / 2 小匙

調味料

A ▸ 醬油 1 大匙、鹽 1 小匙、柴魚粉 1 小匙、香油 1 大匙

B ▸ 烏醋 2 大匙、蒜泥 2 大匙

事前準備

花枝洗淨,取出眼睛、墨囊,橫向切成粗條狀;雞蛋打散成蛋液,備用。

做法

1 取調理盆,加入花枝、材料B,醃10分鐘。

2 醃好的花枝均勻沾裹上地瓜粉。

3 放入180℃的油鍋,炸至酥脆熟透,取出,備用。

4 取鍋子,加入高湯、調味料A(香油除外)煮滾,加入太白粉水勾芡。

5 一邊攪拌,一邊緩慢地淋入蛋液,煮成蛋花,再加入香油拌勻。

6 準備一鍋滾水,加入油麵,煮至燙熟,取出,盛碗。

7 加入做法5湯料、做法3炸好的花枝、調味料B,撒上香菜、蒜酥即可。

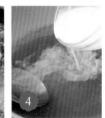

—— 秘 **師傅的秘訣筆記** ——

● 市售花枝大多都是冷凍的,本身已具有鹹度,所以醃花枝時就不用再加鹽了。

● 花枝條不要炸太久,炸久了會油爆,所以油溫必須掌控好。

糯米腸

3~4
人份

無論是直接放入水煮，享受糯米與花生的香氣，或是像「大腸包小腸」，炭火烤過，使腸子變得香脆，再搭配香腸、酸菜等配料，糯米腸的美好滋味，總是讓攤販大排長龍。

材料

A ▸ 長糯米 600g、生花生 100g、紅蔥頭 50g、八角 2 粒、豬大腸 60g、豬油 2 大匙、棉繩 2 條

B ▸ 中筋麵粉 3 大匙、白醋 2 大匙、鹽 1 大匙

沾醬

甜辣醬適量、
醬油膏適量

調味料

醬油 1 大匙、白胡椒粉 1／2 小匙、細砂糖 1 大匙、鹽 1 小匙、味素 1 小匙、蔥油 2 大匙

事前準備

長糯米洗淨，泡水 6 小時；生花生洗淨；紅蔥頭切丁。

做法

1 生花生、八角放入滾水，煮約15分鐘，取出花生，備用。

2 取調理盆，加入豬大腸、材料B，搓揉洗去黏液。

3 將豬大腸翻面，用剪刀剪去多餘的油脂再洗淨，備用。

4　取鍋子，加入豬油、長糯米、花生、紅蔥頭丁、所有調味料，拌炒約5分鐘，熄火，放涼。

5　取一段豬大腸填入炒好的糯米餡料，稍微整形成條狀。

6　將豬大腸兩端頭尾用棉線綁起封口。

7　再用竹籤在表面戳一些孔洞。

8　放入滾水，轉小火，蓋上鍋蓋，煮60分鐘至熟，取出切段，搭配甜辣醬、醬油膏食用即可。

 師傅的秘訣筆記

- 材料炒過後，能讓糯米吸收調味料不分離。
- 糯米腸戳洞後，才比較不會爆開露餡。

一口接一口的
鹹香小吃

　　走在攤販林立的夜市之中，一手拿著香雞排，另一手拿著解渴的飲料，
邊逛邊吃好不愜意；如果懶得出門、不想人擠人，沒關係！在家也能享受
汁多味美的牛肉餡餅、香到受不了的泡菜臭豆腐、涮嘴到讓人嘴巴停不下
來的淡水蝦捲。

肉圓

3~4 人份

肉圓是台灣的特色街頭小吃，相傳發源地為彰化北斗鎮。為半透明扁圓形，內餡多以豬肉塊和豬絞肉為主，配料則依店家而不同。做法在彰化以北多用油炸、油泡，彰化以南則多為炊蒸。

材料

A ▸ 乾香菇 30g、沙拉筍 150g、豬絞肉 250g、
香菜 20g

B ▸ 片栗粉 100g、在來米粉 66g、樹薯粉
100g、溫水 470cc、沙拉油 15g

調味料

醬油 1 大匙、米酒 1 小匙、白胡椒粉 1 小匙、
五香粉 1 / 2 小匙

做法

1 取鍋子，熱鍋後倒入食用油1大匙，加入
香菇丁、沙拉筍丁炒香，熄火。

2 取調理盆，加入豬絞肉、做法1、所有調
味料，混合均勻，即為內餡，備用。

3 取攪拌機，加入片栗粉、在來米粉、樹
薯粉拌勻。

4 再加入溫水、沙拉油，隔水加熱、攪拌
成糊狀，放涼，即為外皮糊。

5 取模具，刷上食用油少許（份量外）。

6 鋪上外皮糊為底層，加入內餡，再鋪上
一層外皮糊。

7 放入蒸鍋，以中小火蒸煮，煮約15分鐘
至表皮透明，取出，淋上醬料，撒上香
菜即可。

────── 秘 師傅的秘訣筆記 ──────

● 粉漿要加熱至乳液般的黏稠度，太濃稠皮會太硬，
太稀則不易成形，所以要放涼再繼續製作。

● 模具使用前可以塗上一層油，比較好脫膜。

● 蒸肉圓時，火力不要太大，若是用電鍋，就在鍋蓋
下插一支筷子，留個孔隙。

醬料

甜辣米醬 適量

事前準備

乾香菇泡水至軟，切小丁；沙拉
筍切小丁，備用。

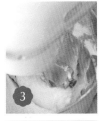

碗粿

3~4
人份

流行於台灣的米食小吃，因成品置於碗內，故名碗粿。將糊化的米漿蒸過後，鋪上配料再蒸熟，淋上醬油膏食用。各地口味、做法不同，有的外觀呈現暗褐色，有的則是白色。

材 料

A ▸ 乾香菇 30g、鹹蛋黃 3 個

B ▸ 蒜仁 30g、在來米粉 5g、水 50cc、醬油膏 1 大匙、甜辣醬 2 大匙、香油 1 小匙

C ▸ 在來米粉 300g、水 1000cc、豬油蔥 20g

事前準備

乾香菇泡水至軟；鹹蛋黃切對半；蒜仁磨成泥，備用。

做 法

1 取鍋子，加入材料B混合均勻，以中小火煮沸後（過程中要不停攪拌），放涼，即為醬料。

2 另取鍋子，加入在來米粉、水拌勻後，隔水加熱至乳液狀，熄火。

3 加入豬油蔥拌勻，即為米糊。

4 取蒸碗，均勻抹上少許食用油（份量外），加入米糊至7分滿。

5 放入蒸鍋，蒸煮10分鐘，放上材料A，再蒸煮10分鐘，取出，淋上醬汁即可。

(秘) **師傅的秘訣筆記**

● 粉漿若太濃稠，冷卻後表皮易龜裂，若太稀，則不易成稀糊狀，糊化時呈乳液狀，口感才會最佳。

● 碗粿沒吃完，封上保鮮膜，放冰箱冷藏，之後以電鍋蒸熱，淋上醬汁即可。

水煎包

水煎包是台灣和山東、廣東、港澳地區常見的小吃。水煎包的烹製過程融合煮、蒸、煎於一體，其色澤金黃，一面焦脆，三面軟嫩，起鍋時撒上少許芝麻，增加添香氣與賣相，味道鮮美極致，令人讚不絕口。

3~4
人份

材料

A ▶ 高麗菜 200g、青蔥 20g、薑 20g、粉絲 1 把、豬絞肉 100g、蝦皮 5g

B ▶ 中筋麵粉 150g、速溶酵母 2g、細砂糖 5g、水 100cc

C ▶ 低筋麵粉 10g、水 150cc、麻油 10g　　　　D ▶ 黑芝麻適量

調味料

A ▸ 醬油 2 小匙

B ▸ 香油、白胡椒粉 1 / 2 小匙、鹽 1 小匙、味素 2 小匙

事前準備

高麗菜、青蔥切碎;薑磨成泥;粉絲泡水 10 分鐘,剪成約 0.5 公分,備用。

做法

1 取鍋子,以中火熱鍋,倒入食用油1大匙,先加入豬絞肉50g,炒至變色,再加入醬油炒香,關火。

2 取調理盆,加入做法1、其他的材料A、調味料B拌勻,摔打至有黏性,即為餡料。

3 取攪拌機,加入材料B,攪拌成糰。

4 麵糰分切成6等份,靜置鬆弛10分鐘。

5 麵糰依序擀成外薄內厚的扁圓狀。

6 加入適量的餡料。

7 用麵皮包起餡料,再以拇指與食指一邊折一邊轉,最後收口捏緊。

8 放入鍋中,倒入食用油1小匙,煎至兩面金黃,加入調勻的材料C,蓋上鍋蓋,燜煎至水分收乾,撒上黑芝麻即可。

秘 師傅的秘訣筆記

- 桿開麵皮時,記得中間要外薄內厚,包餡時才不會讓麵皮重疊而口感不佳。

- 麵糰鬆弛的時間要足夠,否則包餡時會難以收口。

滷肉刈包

7~8
人份

滷肉刈包又稱「虎咬豬」，因為外型似張大口的老虎，咬住豬肉而得此名。傳統刈包是夾入滷豬五花肉、酸菜、香菜，現在則有很多創意刈包，包炸雞排、蝦排、漢堡排等，加入生菜，擠上沙拉醬。

材料

A ▶ 帶皮豬五花肉 1 公斤、米酒 1 大匙、青蔥 2 根、薑片 3 片

B ▶ 青蔥 2 根、辣椒 1 根、薑片 3 片、蒜仁 5 粒

C ▶ 水 2500cc、萬用滷包 1 包、刈包 8 個、炒酸菜 100g、花生粉 4 大匙、香菜 10g

調味料

醬油 160g、米酒 120g、冰糖 2 大匙、紹興酒 1 大匙、鹽 1 小匙、味素 1／2 大匙、白胡椒粉 1／2 小匙、老抽 1 大匙、香油 1 小匙。

事前準備

豬五花肉切 10 公分寬長條狀，刮除殘毛；青蔥切段；辣椒對半剖開，備用。

做法

1　準備一鍋冷水，加入材料A煮滾，轉小火，煮20分鐘，取出帶皮豬五花肉，泡入冷水洗淨。

2　帶皮豬五花肉橫向切成2公分的厚度。

3　取鍋子，倒入少許的食用油，加入帶皮豬五花肉片，煎至兩面上色，取出備用。

4　取鍋子，倒入食用油2大匙，加入材料B爆香。

5　加入水、滷包、帶皮豬五花肉片、所有調味料煮滾，轉小火，蓋上鍋蓋，滷1小時，熄火，燜1小時即為焢肉。

6　刈包放入蒸鍋，蒸煮約8分鐘，取出。

7　刈包依序夾入炒酸菜、焢肉、花生粉、香菜即可。

—— 秘 **師傅的秘訣筆記** ——

- 豬五花肉先水煮再切，可以稍微定型，滷好的肉賣相更好；煮肉水也可以當做滷汁的高湯。

- 滷肉不能一次滷太少，香氣會不夠香。

- 滷肉一定要熄火浸泡，才能充分入味。

牛肉餡餅

3~4
人份

常見於路邊攤販或麵食館，是二戰移民潮帶來的中國北方麵食。以生薑、洋蔥、青蔥、醬油調和牛絞肉，再用麵皮包裹，煎至雙面上色。小心咬一口金黃外皮，吸吮滿滿的鮮肉汁，美味至極！

材料

A ▶ 薑 5g、青蔥 50g、牛絞肉 200g、水 40cc

B ▶ 中筋麵粉 150g、熱水 90cc、冷水 10cc

事前準備

薑切末；青蔥切蔥花，備用。

做法

1 取調理盆，加入材料A、所有調味料，攪拌均勻至有黏性，即為內餡。

2 取攪拌機，加入中筋麵粉、熱水先拌勻，再慢慢加入冷水，攪拌至成糰。

3 將麵糰揉成長條，分切為5等份，再滾圓後稍微壓扁。

4 每份麵糰以擀麵棍擀成圓薄的麵皮。

5 加入適量的餡料，用麵皮將餡料包起。

6 以拇指與食指一邊折一邊轉，最後收口捏緊。

7 再將包好的餡餅稍微壓扁。

8 取鍋子，倒入少許食用油，放入餡餅，以中小火煎至兩面金黃、稍微膨脹至熟即可。

秘 師傅的秘訣筆記

• 務必要用中小火慢慢煎熟，避免外熟內生的狀況發生。

調味料

白胡椒 1 / 2 小匙、醬油 1 小匙、蠔油 1 小匙、細砂糖 1 / 2 小匙、鹽 1 / 2 小匙、香油 1 小匙

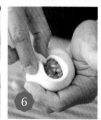

韭菜盒子

3~4
人份

韭菜盒子是以韭菜為餡料，用麵皮包裹後，通過油煎或乾烙而成的傳統小吃。內餡部分，有些還會加入蛋花、粉絲、豆乾、豬絞肉等，增添不同的風味。

材料

A ▸ 中筋麵粉 200g、滾水 80cc、冷水 50cc、沙拉油 20g

B ▸ 韭菜 100g、薑 5g、冬粉（泡水後重）30g、雞蛋 1 個、豬絞肉 100g

調味料

白胡椒粉 1 小匙、香油 1 小匙、鹽 1 小匙、醬油 1 小匙、味素 1 小匙

事前準備

韭菜切粒；薑切末；冬粉泡水至軟，剪小段；雞蛋打散成蛋液，備用。

做法

1 取攪拌機，加入中筋麵粉、滾水拌勻，再加入冷水、沙拉油攪拌至成糰，靜置鬆弛約30分鐘。

2 取鍋子，熱鍋倒入少許的食用油，加入蛋液，炒成蛋花，取出，備用。

3 原鍋，再加入豬絞肉炒熟，靜置放涼。

4　取調理盆，加入豬絞肉、韭菜、薑末、冬粉、蛋花、所有調味料拌勻，即為內餡。

5　將做法1的麵糰揉成長條，分切成每份50g，滾圓再靜置鬆弛10分鐘。

6　每份麵糰以擀麵棍擀成圓薄的麵皮。

7　包入適量的內餡，對折成半圓形。

8　再由上到下，將邊緣捏緊後內折。

9　取鍋子，倒入少許食用油，放入韭菜盒子，以小火煎至兩面金黃即可。

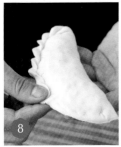

胡椒餅

3~4
人份

源自中國福州的蔥肉餅，早期稱為福州餅，諧音胡椒餅。做法類似「饢」，烤到外皮酥脆、口感多層次，內餡以豬肉混合胡椒粉或黑胡椒以及蔥花。已成為台灣很受歡迎的小吃。

材料

A ▸ 豬梅花粗絞肉 200g、豬背絞油 65g、青蔥 60g、生白芝麻 30g

B ▸ 中筋麵粉 155g、速溶酵母 1g、豬油 5g、細砂糖 1 小匙、鹽 1 / 2 小匙、水 85cc

C ▸ 低筋麵粉 55g、豬油 25g

調味料

醬油 1 小匙、米酒 1 / 2 小匙、白胡椒粉 1 / 2 小匙、黑胡椒粉 1 小匙、細砂糖 1 / 2 小匙、味素 1 / 2 小匙、五香粉 1 / 2 小匙、老抽 1 / 2 小匙、香油 1 小匙

事前準備

青蔥切成蔥花；中筋麵粉過篩，備用。

做法

1　取調理盆，加入豬梅花粗絞肉、調味料（香油除外）拌勻，摔打至有黏性，再加入豬背絞油、香油拌勻，放入冰箱冷藏30分鐘，即為內餡。

2　取攪拌機，加入中筋麵粉、酵母、豬油、細砂糖、鹽拌勻，再加入水拌成雪花狀，再揉成光滑麵糰，靜置醒麵5分鐘，即為油皮。

3　另取調理盆，加入所有材料C，混合揉成糰，再分切每份20g，即為油酥。

4　取油皮60g，滾圓壓扁，包入油酥1份，收口。

5　以擀麵棍，擀成12公分的牛舌狀。

6　麵皮上下內折1／3，重疊成三折，轉向再重複做法5至6（三折法2次），靜置鬆弛5～10分鐘。

7　將四邊對角捏起成圓形，壓扁後光滑面朝上。

8　擀成圓薄的麵皮，蓋上濕布或容器，靜置鬆弛5～10分鐘。

9　包入內餡55g，再加入蔥花15g，捏緊收口。

10　表面刷上清水，沾上生白芝麻。

11　烤箱預熱，上火250℃／下火200℃，放入烘烤6分鐘，上火降溫至230℃，再烘烤18分鐘至熟即可。

㊙ 師傅的秘訣筆記

● 烤好的胡椒餅若沒吃完，放冰箱冷藏，隔天將烤箱預熱到160℃，在胡椒餅上噴點水，放入烘烤10～12分鐘，即可恢復香酥口感。

蔥抓餅

3~4
人份

抓餅是現今流行於台灣各地和中國山東的傳統小吃，因為製作的過程會用手或鍋鏟，將餅皮抓起，使餅皮變得鬆散有層次。在台灣多是使用蔥油餅來做，故稱之為蔥抓餅。

材料

A ▸ 青蔥 50g、沸水 220cc、冷水 180cc

B ▸ 中筋麵粉 600g、鹽 6g

C ▸ 中筋麵粉 45g、鹽 3g、胡椒粉 2g、
　　味素 5g、豬油 60g

事前準備

青蔥切成蔥花。

做法

1　取調理盆，加入材料B拌勻，沖入沸水，用筷子攪成雪花狀，再加入冷水，揉成光滑麵糰（剛開始比較黏，再揉一下就會變光滑）。

2　將麵糰分切成10份，每份100g，滾圓，表面抹油（份量外），用保鮮膜覆蓋，室溫25℃下靜置鬆弛2小時。

3　另取調理盆，加入蔥花、材料C（豬油除外），沖入加熱至180℃的豬油拌勻，即為蔥花油酥。

4　將麵糰用手壓開，再以擀麵棍，擀成15╳30公分的薄片。

5　均勻抹上10g的蔥花油酥。

6　先縱向左右往內一折包住蔥花油酥，再對折。

7　從上往下稍微拍壓至寬5公分。

8　然後，由左至右捲起。

9　收尾時，將捲好的部份垂直壓上去。

10　蓋上濕布，靜置鬆弛20分鐘後，稍微壓扁，覆蓋保鮮膜，擀成直徑18公分的圓餅狀。

11　取平底鍋，倒入少許食用油，加熱至微熱，放入蔥餅皮，煎至表面微膨，底部酥脆，翻面煎至熟。

12　以鍋鏟及筷子從蔥油餅兩側擠壓，打鬆至層次分明即可。

㊙ 師傅的秘訣筆記

● 煎蔥抓餅時，要有熱度，餅皮才會膨鬆。

● 可依個人喜好加入起司片、肉鬆、熱狗、豬皮、九層塔等。

● 捲好的麵糰會依溫度不同，鬆弛時間也不同，可待鬆弛軟一點再擀開，比較不會回縮。

潤餅捲

3~4 人份

潤餅捲又稱春捲、薄餅捲，台閩地區在清明時節都會以潤餅來祭祖。這個潤餅撒上花生粉，包入自己喜愛的食材，不需要經過油炸，就很好吃又有飽足感。

材料

A ▸ 熟香腸 2 條、蛋酥 100g、香菜適量

B ▸ 高麗菜 500g、胡蘿蔔 60g、豆乾片 5 片、芹菜 100g、豆芽菜 200g

C ▸ 特高筋麵粉 300g、冰水 290cc、鹽 4g

調味料

A ▸ 花生粉 100g、細砂糖 50g、海山醬 4 大匙

B ▸ 鹽 1 大匙、味素 1 小匙、白胡椒粉 1 / 2 小匙、香油 1 大匙

事前準備

香腸切細條狀；高麗菜、胡蘿蔔、豆乾片切絲；芹菜切段；花生粉、細砂糖混合，備用。

做法

1 取攪拌機，加入材料C，低速攪打2分鐘，再轉中速攪打10分鐘，打至筋性出來不黏鋼。

2 放入調理盆，再加入冰水100cc（份量外）覆蓋，以保鮮膜封口，放入冰箱冷藏1小時，即為粉漿。

3 取鐵板（或平底不沾鍋），預熱至100℃，手抓粉漿，順方向抹出圓形。

4 待邊緣翻起，即可撕起來，即為潤餅皮，備用。

5　準備鍋滾水，加入調味料B，再加入材料B汆燙，取
　　出瀝乾。

6　取兩張潤餅皮重疊，刷上海山醬。

7　撒上花生糖粉，鋪上做法5的材料、香腸條、蛋酥、
　　香菜。

8　從邊緣捲起餅皮，覆蓋並包住所有材料。

9　將左右兩邊的餅皮內折。

10　再繼續包捲起來即可。

師傅的秘訣筆記

* 潤餅粉漿一定要打
  到出筋才會 Q，所
  以要用冰水才不會
  使麵糰溫度上升。

* 潤餅的餡料各地不
  同，要注意的是不
  能有太多的水分，
  將燙好的食材要充
  分瀝乾，餅皮才不
  會潮濕。

棺材板

3~4 人份

台南著名小吃——棺材板，炸得金黃酥脆的外層吐司，裡面裝入滿滿的餡料，一口咬下，整個爆漿，海洋香息撲鼻而來，令人停不下口來。

材料

A ▶ 蝦仁 80g、花枝 80g、雞胸肉 80g、洋蔥 40g、蒜仁 10g、三色豆 40g、雞高湯 350cc、厚片吐司 4 片

B ▶ 無鹽奶油 50g、中筋麵粉 25g、牛奶 60g

調味料

鹽 1 小匙、白胡椒粉 1 / 4 小匙、細砂糖 1 小匙、黑胡椒粒 1 / 2 小匙

事前準備

蝦仁開背,挑除腸泥;花枝、雞胸肉、洋蔥切丁;蒜仁切末,備用。

做法

1　蝦仁、花枝丁、雞肉丁放入滾水汆燙,取出,瀝乾備用。

2　取鍋子,倒入食用油2大匙,加入洋蔥丁、蒜末爆香,再加入三色豆炒熟。

3　另取鍋子,加入材料B炒香,慢慢加入雞高湯,煮至無顆粒狀,再加入做法1、做法2、所有調味料煮滾,即為奶香餡料。

4　油鍋加熱至180℃,放入吐司,炸至表面金黃,取出瀝油。

5　用刀子在表面劃出四方形吐司蓋子,再挖空中間的麵包。

6　吐司凹槽淋上做法4,蓋上吐司蓋即可。

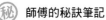

㊙ **師傅的秘訣筆記**

● 奶油醬一定要先炒香,餡料另外炒香再混合,這樣香氣才會足夠。

麻辣臭豆腐

3~4
人份

豆腐經發酵產生特殊風味,即成為臭豆腐,是台灣常見的街頭
小吃,烹調方式有烤、燒、蒸也有炸的。臭豆腐的氣味雖然聞
起來臭,但吃起來卻很香,就像味道刺激的發酵奶酪。

材料

臭豆腐 300g、 鴨血 150g、 酸菜 40g、 蒜仁 20g、香菜 20g、豬絞肉 100g、小魚乾 20g、花椒 5g、水 1500cc

調味料

A ▸ 麻辣醬 2 大匙

B ▸ 醬油 1 大匙、細砂糖 1 小匙、
　　味素 1 小匙、香油 1 小匙

事前準備

臭豆腐、鴨血切塊狀，泡水洗淨；酸菜洗淨，切絲，泡水 20 分鐘，擠乾水分；蒜仁切末，備用。

做法

1　取鍋子，倒入食用油2大匙，加入花椒，以小火炒香。

2　加入豬絞肉，拌炒至變色。

3　再加入小魚乾、麻辣醬、蒜末炒香。

4　加入水，煮至沸騰，轉小火，再加入調味料B拌勻。

5　加入臭豆腐、鴨血，以小火煮10分鐘，再加入酸菜絲，煮沸就關火。

6　盛碗，撒上香菜即可。

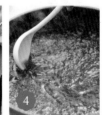

─────── **師傅的秘訣筆記** ───────

● 炒辣豆瓣容易燒焦，需要以小火炒出紅油，拌炒後才能保持風味。

● 為保有鴨血的鮮嫩口感，烹煮時無須蓋鍋蓋，也不可以用大火煮至沸騰，以沸而不騰為佳。

泡菜臭豆腐

3~4
人份

豆腐經發酵產生特殊風味,即成為臭豆腐,而以油炸後食用的
炸臭豆腐,大多習慣搭配酸甜而不辣的台式泡菜,可以舒解臭
豆腐的油炸膩感,滋味更豐富。

材料

A ▶ 高麗菜 600g、胡蘿蔔 30 g、蒜仁 30g、辣椒 10g、水 100cc、細砂糖 100g、糯米醋 100g、鹽 4 大匙

B ▶ 醬油膏 5 大匙、飲用冷水 3 大匙、細砂糖 2 小匙、蒜泥 10g

C ▶ 臭豆腐 300g

事前準備

高麗菜去梗，手撕成片狀；胡蘿蔔去皮，切絲；蒜仁切碎；辣椒去籽，切小片，備用。

做法

1 取鍋子，加入材料A的水、細砂糖，煮沸至溶解，加入糯米醋放涼，再加入蒜碎，即為糖醋醃汁，備用。

2 取調理盆，加入高麗菜、胡蘿蔔絲、辣椒片、鹽抓勻，放置2小時，等待高麗菜自然出水（等待過程中，每30分鐘翻攪一次），將高麗菜擠乾，倒掉水分。

3 加入糖醋醃汁，封上保鮮膜，稍微搖晃，使其均勻浸泡其中，放入冰箱冷藏1天，等待入味，即為泡菜。

4 取調理碗，加入材料B，混合均勻為醬料。

5 臭豆腐放入油鍋，以180℃油炸至表面呈金黃色，取出，淋上醬汁，搭配泡菜食用即可。

秘 **師傅的秘訣筆記**

- 高麗菜脫水後，試吃看看，若太鹹，以飲用冷水將鹽沖洗掉後擠乾（用生水會壞掉），再放入糖醋汁中醃漬。

- 裝泡菜的容器要洗淨後乾燥，避免醃漬時腐敗。

- 炸臭豆腐的油溫要偏高，表皮才能酥脆而不含油。

香雞排

3~4
人份

鹹香多汁的炸雞排，配上沁涼的啤酒或手搖飲，是年輕人最愛的小吃組合，真的太過癮了。無論是夜市、餐車還是店面，只要是賣炸雞排的，都門庭若市，可見其魅力無法擋。

材料

A ▸ 雞胸 2 付、低筋麵粉 60g、地瓜粉 200g

B ▸ 醬油 1 大匙、米酒 1 大匙、細砂糖 2 大匙、白胡椒粉 1 / 2 小匙、五香粉 1 / 2 小匙、鹽 2 小匙、小蘇打粉 1 / 2 小匙、水 1 杯、蒜泥 2 大匙

調味料

胡椒鹽適量

事前準備

雞胸從中間切開共為 4 份，再從雞胸厚處的 1 / 3 位置切開，但不切斷，再從 1 / 3 位置切開成大片狀，骨頭處稍微剁開，備用。

做法

1　取調理盆，加入材料B拌勻，再加入雞排，均勻沾裹上醃料，放入冰箱冷藏醃1天。

2　加入低筋麵粉拌勻，呈現漿糊狀。

3　取出雞排，每片沾裹上地瓜粉，靜置5分鐘反潮。

4　放入油鍋，以180℃油炸40秒，待粉層封住肉汁，再以160℃油炸約4分鐘至熟，轉大火，逼油至金黃，取出瀝油，撒上胡椒鹽即可。

 師傅的秘訣筆記

● 雞排有分無骨、帶骨的，加辣、不辣的，現在還有泰式風味，口味非常多種。

● 雞排經 1 天醃漬會非常入味，連骨頭都有味道喔。

豆乳鹹酥雞

3~4 人份

豆乳雞是夜市的人氣炸物之一。豆乳雞外酥內嫩，帶有甘甜的香氣，深愛大人與小朋友的喜愛。此配方選用去骨雞胸肉，更方便食用。

材料

A ▸ 去骨雞胸肉 400g、九層塔 50g、豆腐乳 4 塊、低筋麵粉 30g、地瓜粉 80g

B ▸ 蒜泥 1 大匙、細砂糖 1 大匙、米酒 1 小匙、五香粉 1 / 4 小匙、白胡椒粉 1 / 2 小匙、味素 1 小匙、醬油 1 小匙、水 100cc、小蘇打粉 1 / 4 小匙

事前準備

雞胸肉切成 3 公分左右的塊狀；九層塔摘成小朵洗淨瀝乾；豆腐乳用湯匙背面壓成泥狀，備用。

做法

1　取調理盆，加入材料B、豆腐乳充分拌勻，再加入雞肉丁，抓醃均勻，封上保鮮膜，放入冰箱冷藏半天。

2　加入低筋麵粉拌勻，呈現漿糊狀。

3　取出雞丁，均勻沾裹上地瓜粉，靜置5分鐘反潮。

4　放入油鍋，以160～170℃油炸3分鐘至熟，油溫提升至180℃，將雞塊炸酥、逼油，加入九層塔炸10秒，取出瀝油即可。

師傅的秘訣筆記

● 最好連豆腐乳汁一起加入醃料，腐乳味道更香濃。

● 可以用雞翅、去骨雞腿、豬松阪肉等替代雞胸肉。

● 不想油炸，用烤的烹調方式，風味也很不錯。

排骨酥

3~4
人份

夜市的經典小吃,酥酥香香,一口一個,邊走邊吃的景象。排骨酥通常搭配其他炸物一起販售,是夜市最常見的風貌之一。

材料

A ▸ 豬梅花排骨 500g、粗地瓜粉 100g

B ▸ 蒜泥 1 大匙、醬油 2 小匙、米酒 1 小匙、甘草粉 1 / 4 小匙、細砂糖 1 大匙、白胡椒粉 1 / 2 小匙、五香粉 1 / 4 小匙、鹽 1 小匙、味素 1 / 2 小匙、水 4 大匙

調味料

胡椒鹽適量

事前準備

豬梅花排骨切成 2 公分左右,洗淨,瀝乾水分,備用。

秘 師傅的秘訣筆記

- 排骨酥因為有骨頭,小孩、老人食用比較不方便,可以用豬梅花肉代替。

- 如果要營業接單販售,建議材料 B 中加入小蘇打粉 2g,軟化肉質。

做法

1 取調理盆,加入材料B調勻,再加入豬梅花排骨,拌勻充分按摩10分鐘,封上保鮮膜,放入冰箱冷藏8小時(不時上下翻動一下)。

2 醃好的豬梅花排骨先拌入一些粗地瓜粉,讓醃汁液充分吸收。

3 豬梅花排骨再加入另一半的粗地瓜粉,拌勻。

4 逐塊放入170℃的油鍋,慢炸約8～10分鐘至熟,取出。

5 油溫提升至180℃,再放入炸酥、逼油,取出瀝油,撒上胡椒鹽即可。

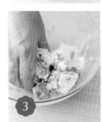

熱拌滷味

3~4
人份

加熱滷味的店面攤位，在台灣大街小巷林立，飄香四溢，食材選擇眾多，好吃又豐富，尤其在秋冬，每攤都大排長龍，受歡迎程度可見一斑。

材料

A ▸ 百頁豆腐 1 條、杏鮑菇 2 根、甜不辣 2 片、米血 1 片、綠花椰菜 100g、水 2000cc、萬用滷包 1 包、豆皮 60g

B ▸ 青蔥 1 根、辣椒 1 根、薑片 3 片、蒜仁 5 粒

調味料

A ▸ 醬油 1 / 2 杯、鹽 1 小匙、冰糖 1 大匙、白胡椒 1 / 3 小匙、香油 1 大匙

B ▸ 蒜蓉醬油 2 大匙、沙茶醬 2 大匙

事前準備

百頁豆腐切 1 公分厚片；杏鮑菇切粗條；甜不辣切條狀；米血糕切片狀；綠花椰菜切小朵；青蔥切段；辣椒對半剖開，備用。

做法

1 取鍋子，倒入食用油3大匙，加入材料B爆香。

2 加入水、萬用滷包、調味料A煮滾，轉小火煮10分鐘，即為滷汁。

3 各別加入材料A（滷包除外）至鍋中，依照滷熟的程度，將材料各別取出。

4 取調理盆，加入做法3、調味料B拌勻即可。

—————— 秘 **師傅的秘訣筆記**

- 加熱滷味與冷滷味不同，滷汁只能當天使用，因為鍋中有各種食材，味道不純，所以無法作為老滷。

- 加熱滷味是藉由熱滷汁滷熟食材，並不是滷入味，所以取出後，要拌入醬料才會夠味。

鹹水雞

夜市的鹹水雞攤，大都是使用生完蛋的老母雞，肉質偏硬，必須長時間煮泡，換成仿土雞腿快速又好吃。冰涼的鹹水雞最適合炎熱的夏天，又加了很多蔬菜，更爽口。

材料

3~4
人份

A ▶ 青蔥 1 根、水 1500cc、仿土雞腿 1 支、薑片 2 片、米酒 50g

B ▶ 綠花椰菜 1 朵、杏鮑菇 2 根、紅甜椒 1 / 2 個、黃甜椒 1 / 2 個、玉米筍 8 根

事前準備

青蔥切段；綠花椰菜切小朵；杏鮑菇切對半；甜椒去籽，切塊；雞高湯放涼，備用。

調味料

雞高湯 120cc、鹽 1 / 2 小匙、香油 1 小匙、胡椒鹽 1 小匙

做法

1　取鍋子，加入材料A煮滾，撈除浮沫，轉小火煮10分鐘，關火，浸泡10分鐘至土雞腿熟透。

2　取出土雞腿，放入冰水冰鎮，備用。

3　材料B放入滾水汆燙至熟，取出泡冰水冰鎮，再瀝乾水分，備用。

4　用剪刀將土雞腿去骨、剪小塊。

5　取調理盆，加入做法3、做法4、所有調味料，充份拌勻即可。

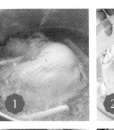

秘 師傅的秘訣筆記

● 煮鹹水雞也可以使用去骨仿土雞腿，必須要縮短烹煮時間，水溫也要下降一些，但就可以不用自行去骨，省時又省力。

東山鴨頭

3~4 人份

台南東山鄰近曾文溪，養殖非常多的水鴨，不同一般的滷味，是先滷後再油炸，緊實的口感，散發出誘人的香味及色澤，又稱台南黑金滷味，讓人愛不釋口。

材料

A ▸ 鴨頭 2 個、鴨翅 4 支、杏鮑菇 2 根、百頁
豆腐 1 塊、條狀甜不辣 150g、紗布袋 1 個、
鴨肉高湯 2500cc、鳥蛋 200g、香油適量

B ▸ 青蔥 2 支、蒜仁 6 粒、薑片 30g、辣椒 2 根

C ▸ 八角 2 粒、桂皮 2g、羅漢果 1 個、草果
2 粒、丁香 1g、花椒 2g、月桂葉 1g、白
豆蔻 1g、陳皮 2g

事前準備

鴨頭、鴨翅拔除殘毛；杏鮑菇、百頁豆腐、
甜不辣切塊；取紗布袋，加入材料 C，即為
滷包，備用。

做法

1 鴨頭、鴨翅放入冷水鍋，開火煮滾後，
約3分鐘，取出洗淨，備用。

2 取鍋子，倒入食用油1大匙，加入材料B
爆香，拌炒至微焦黃色。

3 加入鴨肉高湯、滷包、所有調味料，以
中小火熬煮20分鐘，即為滷汁。

4 先加入鴨頭、鳥蛋滷30分鐘，再加入
鴨翅滷40分鐘，熄火，浸泡20分鐘，再
加入杏鮑菇、百頁豆腐、甜不辣滷5分
鐘，取出。

5 滷好的材料，均勻刷上香油，攤放開
來，放涼。

6 鴨頭、鴨翅放入油鍋，蓋上鍋蓋，以中火
炸香，再轉大火炸酥，取出瀝油即可。

調味料

醬油 360g、醬油膏 4 大匙、米酒
120g、冰糖 120g、二砂糖 240g、
紅糖 80g、龍眼蜜 120g、麥芽糖
120g、味素 1 大匙

秘 師傅的秘訣筆記

● 滷好的材料也可以直接享用，但氣
炸、烘烤或油炸過後，會更香，口
感更佳。

● 剩餘的滷汁可以放入冰箱冷凍保存。

● 油炸鴨頭、鴨翅時容易油爆，請務
必要蓋上鍋蓋，避免油濺。

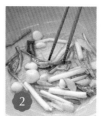
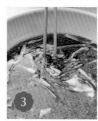

蚵仔煎

3~4
人份

將肥美的蚵仔放到鐵板上拌炒，淋上粉漿，打上一顆蛋，加上蔬菜，一起煎到軟黏 Q 彈，最後淋上鹹鹹甜甜的醬汁，美味的台灣小吃蚵仔煎就完成了！

材料

A ▶ 鮮蚵 200g、雞蛋 4 個、韭菜 60g、小白菜 100g

B ▶ 番茄醬 35g、味噌 15g、細砂糖 15g、甜辣醬 15g、太白粉 10g、水 250cc、香油 5g

C ▶ 粗地瓜粉 80g、太白粉 30g、水 450cc

事前準備

鮮蚵洗淨，瀝乾水分；雞蛋打散成蛋液；韭菜切 0.3 公分小丁；小白菜切段，備用。

做法

1 取鍋子，加入材料B（香油除外），一邊加熱一邊攪拌，煮至糊化，再煮1分鐘後，加入香油拌勻，即為醬料，備用。

2 取調理碗，加入材料C、韭菜丁拌勻，即為粉漿，備用。

3 取平底鍋，倒入食用油1小匙，加入鮮蚵稍微煎香。

4 加入 1 / 4 的粉漿，微煎一下，再加入小白菜。

5 加入蛋液，煎至底部微焦，翻面，繼續煎至熟，盛盤。

6 蚵仔煎淋上醬料即可。

秘 師傅的秘訣筆記

- 洗淨鮮蚵時，必須將碎殼清除乾淨，如果黏液比較多，可以加一點太白粉（份量外），這樣能比較容易洗乾淨。

- 煎蚵仔煎，建議使用不沾鍋比較好烹調。

台南蝦捲

去台南旅遊會發現有很多知名的蝦捲店家，蝦捲酥脆的外皮、鮮香味十足的內餡，充滿濃濃的海味，沾上一點芥末醬，真的會讓人一口接一口，停不下來。

3~4
人份

材料

A ▸ 蝦仁 200g、千張腐皮 100g、豬絞肉 80g、魚漿 60g、豬板油碎 50g

B ▸ 馬蹄 80g、芹菜 20g、薑 10g、青蔥 10g、香菜 10g、低筋麵粉 1 大匙

C ▸ 酥脆粉 100g、冰水 120cc、沙拉油 1 小匙

沾醬

綠芥末 1 小匙、醬油膏 2 大匙

調味料

A ▸ 鹽 1 / 2 小匙、米酒 1 小匙、香油 1 小匙

B ▸ 柴魚粉 1 / 2 小匙、細砂糖 1 小匙、白胡椒粉 1 / 4 小匙

事前準備

蝦仁挑除腸泥；馬蹄切碎，擠乾水分；芹菜、薑切末；青蔥切蔥花；千張腐皮切 10cm 大小，備用。

做法

1 蝦仁用廚房紙巾吸乾水分。

2 再用刀身稍微拍扁，備用。

3 取調理盆，加入豬絞肉、鹽、米酒，攪拌至有韌性。

4 加入蝦仁、魚漿、材料B、調味料B拌勻，再加入香油拌勻，放入冰箱冷藏10分鐘。

5 取調理碗，加入材料C拌勻，即為粉漿。

6 腐皮攤平，每片放上70g的做法4，並在邊緣抹上粉漿。

7 包捲起來，以粉漿封口。

8 蝦捲均勻沾裹上粉漿，放入油鍋，以160℃油炸約4分鐘至熟，起鍋前轉大火逼油炸酥，取出搭配沾醬即可。

—— (秘) **師傅的秘訣筆記** ——

● 網油雖然不易購買，但台南蝦捲用網油包，炸起來會更香更滑口。

● 內餡不包成蝦捲，也可以整形成圓餅狀，油煎成蝦餅，也很好吃喔。

酥炸紅糟肉

3~4
人份

傳統的紅糟是用紅糟米加上糯米發酵而成,具有獨特香氣,及
天然的紅色色澤,用來醃製豬肉,再經過油炸後,外酥內嫩,
是一道非常美味菜肴。

材料

A ▸ 豬霜降肉 250g、醋拌小黃瓜 10g

B ▸ 紅糟醬 2 大匙、米酒 1 小匙、細砂糖 1 小匙、味素 1 / 2 小匙、五香粉 1 / 4 小匙、白胡椒粉 1 / 4 小匙、醬油 1 小匙、蒜泥 1 大匙、水 3 大匙、小蘇打粉 1 / 4 小匙

C ▸ 粗地瓜粉 50g、低筋麵粉 15g

事前準備

豬霜降肉從肉厚的部位，橫切攤開，備用。

做法

1 豬霜降肉用叉子戳一些孔洞。

2 取調理盆，加入豬霜降肉、材料B抓醃均勻。

3 裝入塑膠袋，放入冰箱冷藏半天至1天（不時翻動一下）。

4 取出醃好的豬霜降肉，加入材料C（留一半的地瓜粉）呈漿狀裹在肉片上。

5 再沾裹上留下的乾地瓜粉。

6 放入油鍋，以160℃油炸約4分鐘至熟，起鍋前轉大火逼油炸酥，取出切片，放上醋拌小黃瓜即可。

—— 🔑 師傅的秘訣筆記 ——

• 以霜降肉代替五花肉，能減少油膩感，而且口感更好。

• 搭配糖醋小黃瓜食用，解油膩又美味。

淡水阿給

3~4
人份

阿給是淡水老街著名的小吃,是道地的平民美食。將油豆腐的
中心挖空,填入冬粉,再以魚漿封口後蒸熟。其名稱來自於油
豆腐,日文油炸的意思。

材料

A ▸ 冬粉 2 把、蒜仁 10g、三角油豆腐 8 個、豬絞肉 100g、油蔥酥 30g、雞高湯 200cc、魚漿 200g、香菜適量

B ▸ 辣椒醬 2 大匙、甜辣醬 3 大匙、味噌 1 大匙、醬油膏 1 大匙、水 8 大匙、太白粉 1 / 2 大匙

調味料

醬油 1 大匙、細砂糖 1 小匙、味素 1 小匙、白胡椒粉 1 / 2 小匙、香油 1 小匙

事前準備

冬粉泡軟剪小段；蒜仁切末，備用。

做法

1　油豆腐放入滾水汆燙1分鐘，取出，洗淨放涼。

2　切開前端，挖出內部，備用。

3　取鍋子，倒入食用油2大匙，加入蒜末爆香，再加入豬絞肉、油蔥酥、雞高湯、所有調味料炒熟，加入冬粉吸飽湯汁，取出放涼。

4　取適量的做法3，填入做法2之中。

5　再用魚漿填抹、覆蓋住內餡，封口。

6　放入蒸鍋，蒸煮12分鐘，取出盛碗，並加入一些蒸盤上的湯汁。

7　取鍋子，加入材料B，煮滾拌勻，淋在阿給上，撒上香菜即可。

—————— **師傅的秘訣筆記** ——————

● 油豆腐用滾水汆燙，是為了去除油膩感。

● 挖空豆腐時，小心不要把皮弄破了。

● 餡料填七分滿就好，太滿容易爆餡。

淡水蝦捲

3~4
人份

蝦捲的由來，可以追溯至三十年前，在淡水河邊擺攤的阿伯發明的，由於好吃又解饞，因而非常受到歡迎，便逐漸成為淡水才有的特色小吃。

材料

A ▶ 蝦仁 60g、青蔥 10g、薑 10g、豬絞肉 80g、餛飩皮 15 張

B ▶ 蒜仁 10g、醬油膏 2 大匙、細砂糖 1 小匙

調味料

胡椒粉 2 小匙、太白粉 3 小匙、鹽 2 小匙、味素 2 小匙、米酒 1 大匙

事前準備

蝦仁瀝乾，用紙巾擦乾，切成蝦泥；青蔥切細蔥花；薑磨成泥；蒜仁切碎，備用。

做法

1 取調理碗，加入材料B，攪拌至細砂糖溶解，即為沾醬。

2 取調理盆，加入蝦泥、豬絞肉、蔥花、薑泥、所有調味料，攪拌均勻，即為蝦漿。

3 取一張餛飩皮，以菱形擺放在桌面，均勻塗抹入適量的蝦漿。

4 將餛飩皮從對角捲起來。

5 尾端處用水沾濕，讓餛飩皮黏合。

6 放入油鍋，以180℃油炸至外表呈金黃色，取出，搭配醬料食用即可。

—— 秘 **師傅的秘訣筆記** ——

● 捲起蝦捲時，尾端要記得沾水黏合，油炸時才不會散開。

● 淡水蝦捲可以事先預炸好，要食用時再第二次復炸即可。

鐵蛋

3~4
人份

鐵蛋是由滷蛋衍生而成，外表有著巧克力般，迷人的色澤，口感 Q 彈，結實有咬勁，越嚼越香，口中不時散發著濃郁甘醇的醬香與蛋香，是淡水著名的名產。

材料

A ▶ 白殼雞蛋 20 個、水 600cc、紅茶包 1 包
B ▶ 月桂葉 3 片、話梅 3 粒、甘草片 3 片、萬用滷包 1 包

調味料

A ▶ 鹽 1 大匙、老抽 1／2 大匙、香油 適量
B ▶ 醬油 160g、黑糖 160g、冰糖 50g

事前準備

雞蛋將蛋殼清洗乾淨。

做法

1 取鍋子，放入雞蛋，加入冷水（份量外）、鹽，水位淹過雞蛋。

2 將水煮滾（過程中不時攪動雞蛋），轉小火煮滾5分鐘。

3 熄火，取出雞蛋，沖冷水降溫，剝去蛋殼。

4 取鍋子，加入水、白煮蛋、材料B、調味料B煮滾，轉小火滷30分鐘，熄火浸泡4小時，再煮滾10分鐘後，熄火浸泡4小時。

5 再煮滾，以小火滷30分鐘，加入紅茶包、老抽，滷10分鐘，蓋上鍋蓋，熄火浸泡2小時。

6 最後再煮滾，以小火滷30分鐘，熄火放涼，取出淋上香油，用電風扇吹1小時，讓表皮Q彈即可。

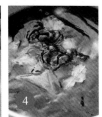

㊙ 師傅的秘訣筆記

- 白煮蛋要從冷水開始煮，蛋殼才不會因溫差過大而破掉。
- 煮蛋過程，一邊煮一邊攪，這樣蛋黃才會在中間。
- 滷蛋不要用生鐵鍋，鐵鍋會釋出鐵質與蛋的硫化物產生作用，而變鐵綠色。

基隆三明治

3~4 人份

在基隆廟口，循著食物的香氣，各式各樣的美食映入眼簾，油炸金黃酥脆的麵包，夾入滷蛋、火腿、黃瓜、番茄，再擠上濃郁的美乃滋，一口咬下去，唇齒留香，大大滿足。

材料

A ▸ 滷蛋 2 個、牛番茄 1 個、小黃瓜 1 條、火腿片 2 片

C ▸ 低筋麵粉 25g、蛋液 100g、粗麵包粉 100g

B ▸ 中筋麵粉 90g、高筋麵粉 90g、速溶酵母 3g、細砂糖 25g、雞蛋 1 個、牛奶 80g、水 8cc

調味料

美乃滋 1 小條、番茄醬 4 大匙

事前準備

滷蛋對半切；牛番茄切片；小黃瓜刨成長片，備用。

做法

1 取攪拌機，加入材料B，以低速攪打1分鐘，轉中速攪打約8～10分鐘。

2 攪打至麵糰光滑，取出來能拉出筋膜狀。

3 取出，覆蓋濕布，室溫25℃下，靜置基本發酵40分鐘。

4 將麵糰分成4等份，每份80g，先滾圓再整型成長橢圓形，靜置鬆弛10分鐘。

5 麵糰依序沾裹上麵粉、蛋液、麵包粉，靜置最後發酵10～15分鐘。

6 放入130℃的油鍋，以小火油炸6分鐘至熟，轉中火逼油，取出瀝油。

7 用剪刀將麵包縱向剪開。

8 擠入美乃滋、番茄醬，放入番茄片、小黃瓜片、火腿片、滷蛋即可。

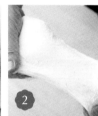

㊙ 師傅的秘訣筆記

● 麵糰不能發酵太長時間，因為會變得有酸味。

● 炸麵包體積較大，油溫不能太高，容易炸焦而不熟，並且要不時翻面，才能讓表面都均勻受熱。

宜蘭卜肉

3~4
人份

「卜」在宜蘭地方的台語裡是「炸（食物）」的意思，卜肉顧名思義是將豬里肌肉除去筋與油脂，切成條狀，沾上麵糊，入鍋油炸，食用時常沾胡椒鹽或芝麻。

材料

A ▸ 豬里肌肉 300g、中筋麵粉 30g

B ▸ 白芝麻 2 大匙、鹽 2 小匙、味素 2 小匙

C ▸ 薑 5g、水 60cc、細砂糖 2 小匙、胡椒粉 2 小匙、醬油 1 大匙、米酒 4 大匙、五香粉 2 小匙

D ▸ 中筋麵粉 240g、泡打粉 10g、太白粉 45g、雞蛋 1 個、水 200cc、沙拉油 45g

事前準備

豬里肌肉去筋、肥油膜，切成約小拇指大小的條狀；薑磨成泥，備用。

做法

1 取鍋子，加入白芝麻，以小火乾炒至飄香，再加入鹽、味素拌勻，即為沾料。

2 取調理盆，加入豬肉條、材料C，抓醃均勻，放入冰箱醃30分鐘。

3 另取調理盆，加入材料D，拌勻成麵糊，靜置5分鐘。

4 醃好的豬肉條均勻沾上中筋麵粉。

5 再均勻沾裹上麵糊。

6 放入油鍋，以180℃油炸至熟，取出，搭配沾料食用即可。

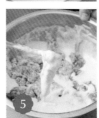 

秘 **師傅的秘訣筆記**

● 切除口感不佳的筋膜與油膜，能讓肉質更為軟嫩，可別因為麻煩而省略此步驟。

● 麵糊調製完成後，一定要靜置後再使用，炸出來才會漂亮飽滿。也可以調好後放冷藏，要用時再拿出。

五香雞捲

3~4
人份

古早味雞捲外皮金黃酥脆,一口咬下去,柔嫩香甜的魚漿還會
爆汁。雞捲並沒有雞肉喔,台灣早年農業社會,先人生活節儉,
將多餘的食材捲進去(台語:多捲),另一說是像雞頸而得名。

材料

A ▶ 半圓腐皮 3 張、豬絞肉 150g、旗魚漿 250g

B ▶ 馬蹄 250g、胡蘿蔔 40g、洋蔥 150g、中筋麵粉 40g

C ▶ 中筋麵粉 20g、水 60cc

沾醬

甜辣醬適量

調味料

蒜泥 1 大匙、醬油 1 小匙、細砂糖 1 小匙、白胡椒粉 1/4 小匙、五香粉 1/4 小匙、味素 1/2 小匙、香油 1 小匙

事前準備

半圓腐皮切半；馬蹄切碎，擠乾水分；胡蘿蔔切碎；洋蔥切丁，備用。

做法

1 取調理盆，加入豬絞肉、調味料（香油除外），攪拌至產生黏性。

2 加入旗魚漿拌勻，再加入材料B拌勻，加入香油拌勻，放入冰箱冷藏20分鐘。

3 腐皮攤平，每片放上適量的做法2。

4 取調理碗，加入材料C拌勻成麵糊，並在腐皮邊緣抹上少許麵糊。

5 用腐皮包起餡料，再左右內折，然後捲起，用麵糊封口。

6 放入油鍋，以120℃油炸約6分鐘至熟，起鍋前，轉中大火，逼油炸酥，取出瀝油，搭配沾醬食用即可。

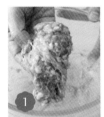

 師傅的秘訣筆記

● 腐皮接觸空氣會變得乾硬而容易碎，所以要好好密封保存。

● 油炸時間因雞捲的粗細而不同，但只要炸至浮起來，中心溫度約 75℃ 即可。

紅茶茶葉蛋

3~4
人份

茶葉蛋又能充飢又方便食用，是深受大家喜愛的小吃點心之一，在各大超商也都是熱銷商品，而且熱食冷吃都很合適。

材料

白殼雞蛋 12 個、水 1500cc、紅茶包 3 包、八角 2 粒、桂皮 3g、甘草 3g

調味料

醬油 1 杯、鹽 1 小匙、冰糖 1 大匙

事前準備

雞蛋將蛋殼清洗乾淨。

做法

1　取鍋子，放入雞蛋，倒入冷水（份量外），水位淹過雞蛋。

2　將水煮滾（過程中不時攪動雞蛋），轉小火煮滾6分鐘。

3　取出雞蛋，沖冷水降溫，並用鐵湯匙，將雞蛋敲出裂痕，愈多愈好。

4　取鍋子，加入所有材料、調味料煮滾，蓋上鍋蓋，以小火煮30分鐘，熄火燜1小時，取出紅茶包。

5　再將滷水煮滾，轉小火煮30分鐘，再熄火，蓋上鍋蓋，燜1小時，靜置至隔天，完全入味即可。

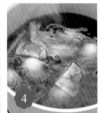

秘 師傅的秘訣筆記

● 煮茶葉蛋的鍋子必須是不銹鋼材質，用鐵鍋會產生鐵味，而且蛋會變黑色。

● 紅茶葉或烏龍茶葉只要煮出味道就可以取出，煮過久會有苦澀味。

● 煮的過程，如果水變少了，就要適量添加水，以蓋過雞蛋。

牛蒡甜不辣

3~4
人份

在日本泛指油炸的魚漿製品，但在台灣衍生出了天婦羅、甜不辣、黑輪等不同名字。扁平型狀的，在北部叫做天婦羅，在南部叫黑輪，條狀的，則叫甜不辣居多。

材料

A ▸ 牛蒡 50g、胡蘿蔔 50g、蛋白 1 粒、香油 1 大匙、地瓜粉 50g、冰塊 50g

B ▸ 魚肉 300g、豬板油 50g、豬絞肉 50g、玉米粉 60g

調味料

蔥薑汁 2 大匙、細砂糖 2 大匙、味素 2 小匙、柴魚粉 2 小匙、鹽 1 小匙、白胡椒粉 1 小匙、蒜粉 1 小匙

事前準備

牛蒡、胡蘿蔔去皮,切絲;魚肉切小塊;豬板油放入冰箱冷凍,切小丁,備用。

做法

1 牛蒡絲、胡蘿蔔絲放入滾水,以中小火汆燙30秒,取出瀝乾,備用。

2 取調理機,加入材料B、冰塊25g、所有調味料,攪打成泥狀。

3 加入蛋白打勻,再加入冰塊25g打勻,倒入調理盆。

4 加入香油拌勻,再加入牛蒡絲、胡蘿蔔絲,混合拌勻,即為豬肉魚漿。

5 豬肉魚漿加入地瓜粉,攪拌均勻。

6 手掌抹少許的食用油,取約30g的做法5,稍微壓扁成圓形。

7 撥入油鍋,以140℃油炸至金黃熟透即可。

——— (秘) **師傅的秘訣筆記** ———

● 純手工甜不辣,顏色看起來比較不金黃,炸油用越久、調味越重呈色會越深。

旗魚黑輪

這是高雄旗津著名的美食小吃，用旗魚魚漿包覆切塊的白煮蛋或滷蛋，再放入油鍋油炸，炸至外表金黃，咬起來Q彈又有蛋香，非常好吃。

3~4
人份

152

材料

旗魚肉 300g、胡蘿蔔 50g、芹菜 80g、白煮蛋 2 個、冰塊 50g、蛋白 1 粒、豬絞肉 100g、玉米粉 1 大匙

調味料

蔥薑汁 1 大匙、鹽 1 小匙、細砂糖 1 大匙、米酒 1 小匙、柴魚粉 1 小匙、白胡椒粉 1 / 2 小匙

事前準備

旗魚肉切 2 公分丁狀，放入冰箱冷凍 10 分鐘；胡蘿蔔、芹菜切末；白煮蛋剝去蛋殼，切成 6 等份，備用。

做法

1 取調理機，加入旗魚肉丁、冰塊、蛋白、所有調味料，攪打30秒成泥狀。

2 再加入豬絞肉、玉米粉，攪打成泥狀，倒入調理盆。

3 加入胡蘿蔔末、芹菜末，拌勻，即為黑輪魚漿。

4 取手把料理砧板，放上黑輪魚漿，用平鏟均勻抹平。

5 放上一塊白煮蛋，以魚漿包覆成長條狀。

6 撥入140℃的油鍋，以小火油炸2分鐘，再轉大火炸酥，取出瀝油即可。

── 秘 **師傅的秘訣筆記**

- 以寬的菜刀或刮板輔助，能讓魚漿包覆白煮蛋更好成型。
- 油溫一開始不能太高，容易焦掉，且裡面有包蛋，不能炸過久，否則蛋會破開。

蚵嗲

蚵嗲是台灣著名的小吃，外皮酥脆，內部蚵仔鮮嫩多汁。搭配的材料各地會有些許差異，有的加入蝦仁、花枝或豬肉等等，各有不同的風味。

3~4
人份

材料

A ▸ 高麗菜 200g、韭菜 300g、青蔥 80g、中薑 50g、鮮蚵 200g、太白粉 15g、蚵嗲炸杓 1 支

B ▸ 低筋麵粉 1 大匙、鹽 1 小匙、白胡椒粉 1 / 2 小匙、香油 1 小匙

C ▸ 低筋麵粉 140g、在來米粉 30g、酥脆粉 30g、樹薯粉 20g、水 200cc、沙拉油 2 小匙

調味料

胡椒鹽適量

事前準備

高麗菜切丁；韭菜、青蔥切花；中薑切末；鮮蚵拌入太白粉，輕輕洗，
再沖洗乾淨，瀝乾，備用。

做法

1　取調理盆，加入高麗菜丁、韭菜花、蔥花、薑末
　　混合均勻，再加入材料B拌勻，備用。

2　另取調理盆，加入材料C拌勻，即為粉漿，備用。

3　蚵嗲杓洗淨擦乾，放入200℃的油鍋，泡熱後取出。

4　用紙巾擦去蚵嗲杓上多餘的油脂。

5　蚵嗲杓淋上勺粉漿，然後抹平，

6　放上適量的做法1、鮮蚵。

7　再鋪上一層做法1，並稍微壓緊塑形。

8　再淋上一勺粉漿，稍微抹平。

9　放入油鍋，以160℃炸約6～8分鐘，炸至外表金黃酥
　　脆，蚵嗲會脫離炸杓，取出瀝油，撒上胡椒鹽即可。

㊙ 師傅的秘訣筆記

- 沒有蚵嗲炸杓，
  可以用不銹鋼湯
  杓待替，但一樣
  必須預熱，粉漿
  才能沾附。

芋粿巧

3~4 人份

台灣的傳統小吃，以糯米研磨成米漿後壓乾，再和芋頭絲、油蔥攪拌，放入蒸煮至熟。農曆七月正值芋頭盛產期，又適逢中元節，外型仿若神聖的筊杯，因此成為必備的「好兄弟」祭品。

材料

芋頭 200g、乾蝦米 10g、豬油蔥 20g、在來米粉 80g、糯米粉 160g、冷水 200cc、沙拉油 20g

調味料

醬油 1 / 2 小匙、味素 1 / 2 小匙、胡椒粉 1 / 2 小匙、米酒 2 大匙

事前準備

芋頭去皮,切丁;乾蝦米浸泡米酒(份量外)約 5 分鐘,瀝乾,備用。

做法

1 取鍋子,熱鍋後,加入豬油蔥、蝦米、芋頭丁炒香。

2 加入冷水100cc、所有調味料,炒至沸騰飄香,備用。

3 取調理盆,加入在來米粉、糯米粉、冷水100cc稍微攪拌一下,再加入沙拉油拌勻。

4 加入做法2炒好的蝦米、芋頭丁,攪拌均勻成糰。

5 取適量的漿糰搓成條狀。

6 再整型成半月狀。

7 放入蒸鍋,以中大火蒸煮30分鐘即可。

    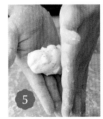 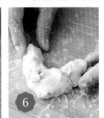 

秘 師傅的秘訣筆記

● 芋頭也可以刨成絲狀,比較方便快速,但切丁會比較有口感。

● 芋粿巧蒸好後可直接食用,或拿平底鍋,加入少許食用油,煎到兩面金黃,各有不同的風味。

台式蘿蔔糕

3~4 人份

早餐店老闆將蘿蔔糕放上鐵板，煎到兩面恰恰，外酥內嫩，滋味甘甜，有別於港式蘿蔔糕，口感較紮實，蘿蔔味較濃郁，是很多人喜愛的傳統早點。

材料

A ▸ 白蘿蔔 300g、乾香菇 30g、乾蝦米 30g、紅蔥頭 60g、熟香腸 2 條、水 250cc

B ▸ 在來米粉 300g、水 600cc

調味料

鹽 1 / 2 大匙、細砂糖 1 大匙、味素 1 小匙、白胡椒粉 1 / 2 小匙

事前準備

白蘿蔔刨成絲;乾香菇泡水至軟,切丁;乾蝦米泡水至軟,切碎;香腸切小丁;紅蔥頭切片,備用。

做法

1 取鍋子,倒入食用油3大匙,加入紅蔥頭爆香,再加入香菇丁、蝦米、香腸丁炒香。

2 加入白蘿蔔絲翻炒,再加入水、所有調味料,煮約3分鐘。

3 取調理碗,加入材料B調勻。

4 倒入做法2,攪拌至米漿糊化,熄火。

5 取模具,抹上一層油（或鋪上不沾紙）。

6 倒入做法4,並用湯匙將表面抹平。

7 放入蒸鍋,蒸煮50分鐘至熟,取出放涼,脫模,切片。

8 放入平底鍋,倒入少許食用油,煎至兩面微焦即可。

—— 秘 師傅的秘訣筆記 ——

● 白蘿蔔絲用刨絲的,口感會比用刀子切來得好。

● 可以加入一些干貝絲,增添風味。

● 蘿蔔糕的軟硬度,可以依加入的水量來微調。

沙茶炒羊肉

3~4
人份

經過快炒店門口，聽到炒菜聲，聞到大火爆香的味道，濃濃沙茶味飄了過來，沒錯！那就是沙茶炒羊肉，配上好幾碗白飯，再喝上兩杯冰涼酒，最過癮了。

材料

A ▶ 空心菜 250g、薑 30g、辣椒 1 根、蒜仁 3 粒、青蔥 1 根、羊肉片 200g

B ▶ 醬油 1 小匙、米酒 1 小匙、白胡椒粉 1/4 小匙、太白粉 1 大匙、香油 1 小匙

調味料

沙茶醬 2 大匙、醬油 1 小匙、米酒 1 小匙、細砂糖 1/2 小匙

事前準備

空心菜切除硬梗，前端略拍，切 5 公分段；薑切絲；辣椒切斜片；蒜仁切末；青蔥切小段，備用。

做法

1. 取調理碗，加入羊肉片、材料B拌勻，醃15分鐘。

2. 取鍋子，倒入食用油2大匙，燒熱鍋子，加入蔥段、蒜末、辣椒片、薑絲爆香。

3. 加入做法1的羊肉片，拌炒至變色。

4. 再加入所有調味料，拌炒均勻。

5. 最後加入空心菜，以大火迅速翻炒至熟即可。

🈙 師傅的秘訣筆記

- 炒羊肉專用的羊肉片，在傳統市場比較好買到。

- 羊肉片先醃過再炒會比較嫩，然後以大火快速翻炒出鑊氣才會香。

- 空心菜容易黑掉，所以不能炒太久，另外也可以用芥藍菜代替。

香酥油條

3~4
人份

燒燙燙的燒餅夾入香酥的油條，
再配上一碗濃醇的豆漿，最過癮了！
傳統古早味的經典早餐款，給足一天滿滿的活力。

材料

中筋麵粉 250g、無鋁泡打粉 4g、鹽 2g、小蘇打 1.5g、細白糖
8g、雞蛋 1 個、室溫水 115cc、沙拉油 1 小匙

事前準備

中筋麵粉過篩，備用。

做法

1 取調理盆，加入中筋麵粉、泡打粉、鹽、小蘇打粉、細白糖
   拌勻，備用。

2 取調理碗，加入室溫水、雞蛋、沙拉油充分攪拌均勻。

3 將做法2倒入做法1之中，攪拌成麵絮狀。

4 輕抓麵糰，用拳頭壓麵糰至微光滑。

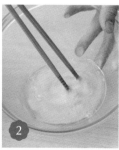

5　覆蓋保鮮膜，靜置鬆弛10～15分鐘，再將麵糰用拳頭翻壓2分鐘，再靜置醒10分鐘，共做3次。

6　壓開折疊成長麵糰，用保鮮膜包好，靜置常溫鬆弛6小時（或冷藏隔夜）。

7　取出麵糰，撒上少許手粉，擀成10公分寬、厚1公分。

8　取刀子，將麵糰切成約2公分的條狀。

9　以間隔的方式，每兩片麵條上下疊起來。

10　取筷子，稍微沾點水，從麵條中間壓下去，使兩片黏在一起，再靜置鬆弛10分鐘。

11　從左右拿起麵條，視油鍋尺寸拉長成適當的長度。

12　放入200℃的油鍋，翻轉炸至金黃，取出瀝油即可。

Chapter 3

吃完鹹食就想吃

甜　食

　　吃完鹹食或吃飽飯後，總是免不了想吃點甜食，那麼！甜滋滋的台灣小吃自然也不可少，不管大朋友小朋友最愛的 QQ 球，或是冷熱皆宜的香濃豆花，還是充滿古早味的白糖粿，應有盡有，就是要滿足你的胃！

白糖粿

3~4
人份

做法非常簡單，只要把糯米粉、水、砂糖混合，揉製成糰再油炸即可。七夕時會當作祭拜七星娘娘的祭品，早期的白糖粿會壓出一個小凹槽，傳說是為了讓織女裝眼淚。

材料

糯米粉 250g、糖粉 80g、水 200cc

調味料

白砂糖 150g

做法

1　取調理盆，加入所有材料，揉至成糰且不黏手的狀態。

2　將糯米糰分成數份，每份約30g。

3　再將每份糯米糰用雙手手掌搓成長條狀。

4　放入180℃的油鍋，油炸至外殼泛白，形成一層硬殼，取出。

5　食用時沾上白砂糖即可。

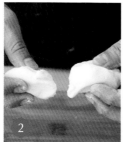

 師傅的秘訣筆記

- 油溫過高，白糖粿容易炸焦掉；但若炸太久，會膨脹過多而爆開，造成油濺，所以要控制好油溫。
- 可以在白砂糖加入可可粉、抹茶粉，變化口味。

牛汶水

3~4
人份

「牛汶水」是將麻糬淋上黑糖薑汁的傳統客家小點，源自炎熱夏日，水牛泡在泥水裡消暑時，只露出頭與背在水面上模樣而得名，是客家人休息時的點心。

材 料

去皮花生 30g、糯米粉 100g、冷水 75cc、沙拉油 1/2 小匙、薑片 3 片、水 100cc

調 味 料

黑糖 50g

事 前 準 備

去皮花生切碎。

做 法

1　取調理盆，加入糯米粉、冷水，揉成雪花狀。

2　再加入沙拉油，揉成光滑糯米糰，封上保鮮膜，靜置10分鐘。

3　糯米糰揉成長條狀，切割為12等份後，搓圓。

4　每份糯米糰再用指腹壓出凹狀。

5　放入滾水，保持中火並稍微攪拌，避免黏鍋，煮3分鐘。

6　取鍋子，加入薑片、水、黑糖煮滾，即為黑糖水。

7　取出糯米糰，淋上黑糖水，撒上花生碎即可。

秘 師傅的秘訣筆記

- 牛汶水的糯米糰也可以搓成小圓狀，煮成小湯圓。
- 糯米糰也可以包餡，沾芝麻做成芝麻球。

夜市QQ球

QQ 的地瓜球是夜市熱賣的小吃之一，北部人叫「地瓜球」，南部人會說「QQ 蛋」。金黃色或紫色的圓滾滾外型，一口咬下，酥酥脆脆，並帶有地瓜的香甜滋味，讓人忍不住一口接一口。

材料

地瓜 200g、糯米粉 30g、太白粉 90g、泡打粉 8g

3~4
人份

調味料

細砂糖 60g

事前準備

地瓜去皮，切厚片。

做法

1 地瓜厚片放入電鍋，外鍋倒入1杯水，蒸煮至熟透。

2 取調理盆，趁熱加入地瓜片、細砂糖、糯米粉、太白粉、泡打粉，拌壓成糰，有黏性卻不散開。

3 將麵糰搓成直徑約2公分的長條狀，再分切成1.5公分的圓段。

4 放入油鍋，以140℃炸至浮起，再用勺子輕輕滾動，油炸3分鐘。

5 油溫升至170℃，再取一支大勺子，用兩支勺子擠壓地瓜球再放回油炸，重複動作，待膨脹至最大，取出即可。

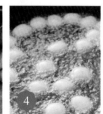

秘 師傅的秘訣筆記

● 油溫不可以太高，否則外殼太快變硬，就會裂開，無法達到中空的效果。

● 剛放入油鍋，外表還未定型時，不可壓地瓜球，避免變形。

涼圓

涼圓又叫涼西圓，因食用時維持較低的溫度，而得此名。外皮半透明且有彈性，餡料多為豆沙，但在彰化和嘉義等地，則會包入肉餡，成為當地的特色小吃。

3~4
人份

材料

A ▸ 白豆沙 150g、紅豆沙 150g、冬瓜鳳梨餡 100g、蔓越莓餡 100g

B ▸ 細地瓜粉 70g、日本太白粉 70g、水 240cc

做法

1　材料A各個分成10g，用手搓揉成小圓球，備用。

2　取調理盆，加入材料B，以打蛋器混合均勻，並隔水加熱攪拌至稠狀。

3　分批加入做法1。

4　以湯匙裹上粉糊，撈起，取出，間隔放置在蒸盤上。

5　放入蒸鍋，以中火蒸煮3分鐘至粉糊變透明，放入冰箱冷藏至冰涼即可。

㊙ 師傅的秘訣筆記

● 擺放涼圓時，別靠太近，避免沾黏。

● 水滾後才將蒸盤放入，蒸出來的涼圓才較飽滿漂亮。

● 蒸盤可以鋪上錫箔紙（或 烘焙紙），蒸好後能比較好取下。

花生麻糬

3~4
人份

在日本、台灣都是非常傳統的點心，又稱糯米糰子，客家人稱為「粢粑」，是由糯米所製成。麻糬有分包餡與不包餡，或是外層沾有椰子粉、黑芝麻等，口味很多樣化。

材料

熟花生 200g、糖粉 100g、水磨糯米粉 180g、水 250cc、沙拉油 1 大匙、紅豆餡 100g

調味料

細砂糖 3 大匙

事前準備

取調理機，加入熟花生，打成花生粉，加入糖粉混合。

做法

1　取調理盆，加入糯米粉、水、沙拉油、細砂糖，拌勻至無顆粒狀。

2　取不沾鍋，倒入少許的食用油，加入做法1，用矽膠刮刀不斷攪動至成糯米糰，再繼續攪至透明色。

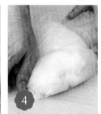

3　取塑膠袋，抹上少許的食用油。

4　放入糯米糰，等稍微降溫後，一直搓揉，揉越久越Q。

5　放涼後，戴上不沾手套，以手掌虎口掐出糯米糰，分成30g的小糰。

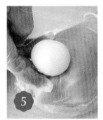

6　糯米糰壓扁後，包入適量的豆餡。

7　再沾裹上花生糖粉即可。

㊙ 師傅的秘訣筆記

● 可以將配方中的水換成鮮奶，就變成鮮奶麻糬。

● 用不沾鍋、矽膠刮刀製作麻糬，快速方便，不用蒸半天。

地瓜拔絲

將炸過的地瓜塊，與加熱至融化變粘稠的白砂糖，兩者混合，起鍋趁熱食用。夾起地瓜時，便會拉出糖絲，所以叫做拔絲。由於非常燙，一般會預備一碗涼水蘸一下，使糖絲變硬，便於入口。

材料

地瓜 500g、沙拉油 1 小匙、水 2 大匙、白砂糖 120g、白芝麻 10g

3~4
人份

事前準備

地瓜去皮，切滾刀塊。

做法

1 取盤子，塗抹上沙拉油，備用。

2 地瓜塊放入油鍋，以180℃炸至外表呈金黃色，取出，備用。

3 取不沾鍋，加入水、白砂糖，以中小火煮至沸騰，糖漿泡泡變得細小，微泡糖漿呈金黃色。

4 加入炸熟的地瓜塊，快速拌勻，沾裹上糖漿。

5 地瓜塊盛盤，再用鍋鏟沾取糖漿，從高處細細淋入，形成糖絲。

6 最後撒上白芝麻即可。

秘 師傅的秘訣筆記

- 糖漿煮至起泡變小且不易消失，開始轉微黃就可以關火，不要繼續加熱。
- 白糖會呈現紅糖色澤，而紅糖就會產生微黑糖色澤，建議以白糖為佳。
- 使用不沾鍋可以直接加入白砂糖煮糖漿，如是一般鐵鍋，則需要加入水或食用油。
- 建議使用導熱均勻的鍋具，煮糖較容易成功！

香蕉飴

3~4
人份

為古早味涼糕的一種，因傳統做法會加入香蕉油，所以稱做香蕉飴。不僅顏色繽紛漂亮，口感 Q 軟，並且帶有淡淡的香蕉風味，廣受大小朋友喜愛。

材料

玉米粉 100g、樹薯粉 180g、水 500cc、沙拉油 30g、香蕉油 1g、草莓香精 1g

調味料

白砂糖 70g

事前準備

砧板包上保鮮膜。

做法

1　取鍋子，加入玉米粉，以小火乾炒熱，放涼，備用。

2　取攪拌機，加入樹薯粉、白砂糖、水、沙拉油拌勻。

3　隔水加熱，不停攪拌至濃稠狀。

4　分成兩份，各別加入香蕉油、草莓香精拌勻。

5　各別倒入容器，放入蒸鍋，以大火蒸20分，取出放涼。

6　包好保鮮膜的砧板，撒上乾炒的玉米粉。

7　香蕉飴放涼後，倒扣出來，切成菱形，沾裹上玉米粉即可。

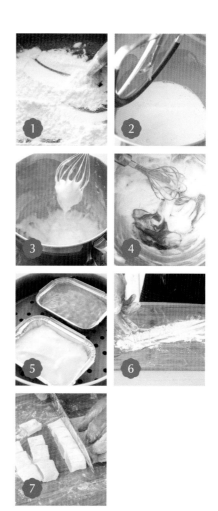

―――――― 秘 **師傅的秘訣筆記** ――――――

● 做好的香蕉飴建議當天吃完，不要放冰箱冷藏，避免變硬，如果真的需要，冷藏大約能放一週。

杏仁茶

杏仁茶散發著特殊的香氣，因而獲得許多人的喜愛。杏仁性味微苦甘溫，具有止咳潤肺、通便的功效，是一種不錯的健康飲品。

3~4
人份

材料

南杏 250、北杏 25g、白米 60g、水 3000cc

調味料

冰糖 160g

事前準備

南杏、北杏、白米混合洗淨後，泡水 1 小時，瀝乾。

做法

1 取果汁機，加入杏、北杏、白米、水 600cc，攪打成杏仁漿。

2 倒入濾網，過濾掉殘渣，備用。

3 取鍋子，加入水2400cc煮滾，再加入冰糖煮至融化。

4 加入杏仁漿，邊加入邊攪拌，避免燒焦。

5 煮滾後，轉小火煮2分鐘，煮至杏仁漿完全糊化即可。

秘 師傅的秘訣筆記

● 南杏、北杏在中藥行都有販售。

● 杏仁漿的濃稠度，可以透過增加或減少配方中白米的份量來調整。

● 如有功能較多的果汁機或破壁機，可以將杏仁打至無殘渣，就無須過濾。

蜜芋頭

3~4
人份

在餐廳大多是當做前菜，冰冰涼涼，鬆軟綿密，香甜可口，也是很多人喜愛的古早味甜品，而且冷、熱皆宜，搭配冰品更是對味！

材料

大甲芋頭 1 公斤、乾桂花 1g、水 1000cc

調味料

細砂糖 160g、米酒 1 大匙、鹽 1 / 2 小匙

事前準備

芋頭削去外皮。

做法

1　芋頭切除頭尾較硬的部位，切塊，每塊約30g左右。

2　芋頭塊放入電鍋，加入桂花、水800cc，外鍋加入1.5杯水，煮至電源開關跳起。

3　將芋頭輕輕翻動，確認都有均勻蒸熟。

4　加入細砂糖、米酒、鹽、水200cc，外鍋再加入1.5杯水，煮至電源開關跳起。

5　最後，燜30分鐘，取出放涼即可。

師傅的秘訣筆記

- 芋頭要挑有粉質的大甲芋頭為佳，如果切開顏色很紫，就比較不適合，會很硬，不會鬆軟。

- 蜜芋頭切記不能一開始就加入糖，這樣芋頭就不會鬆軟，所以分二階段煮，這是很重要的關鍵。

炸湯圓

將小湯圓油炸過，再撒上花生糖粉。在婚宴上又稱「花好月圓」，花生粉會有好事發（花）生，湯圓則有團圓、圓滿的意思，是能為享用的人帶來更多福氣的點心。

3~4
人份

材料

A ▸ 花生粉 100g、細砂糖 100g

B ▸ 糯米粉 200g、水 150cc、紅色食用色素 0.5g、太白粉 100g

做法

1　取調理碗，加入所有材料A拌勻，即為花生糖粉，備用。

2　取調理盆，加入糯米粉、水拌勻成糰。

3　糯米糰平分成2份，其中1份加入紅色食用色素混勻。

4　雙色糯米糰各取50g，放入滾水，煮至浮起，取出，即為粿粹。

5　粿粹加入同色的糯米糰，搓揉均勻。

6　雙色糯米糰各自分割成約1公分小塊，用手掌搓圓，沾裹上少許的太白粉，放入冰箱冷藏30分鐘。

7　放入180℃的油鍋，快速撥散，油炸約1分鐘，取出，撒上花生糖粉即可。

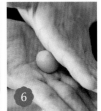

─────── 秘 **師傅的秘訣筆記**

● 火候太大，湯圓容易炸焦掉；若炸太久，湯圓會澎脹爆掉，必須注意安全！

燒麻糬

3~4
人份

燒麻糬是古早味的傳統點心，由糯米製作成麻糬，再以糖水煮至熟，形成軟 Q
而且有黏性的獨特口感。吃的時候通常會沾芝麻粉或花生粉，風味更好。

材料

A ▸ 花生粉 50g、細砂糖 50g

B ▸ 糯米粉 200g、水 150cc、沙拉油 20g

C ▸ 細砂糖 50g、水 300cc、黑糖 100g

做法

1　取調理盆，加入材料B，拌勻成糰。

2　取20g的做法1，放入滾水，煮到浮起，
　　即為粿粹。

3　做法1加入粿粹，搓揉混勻。

4　分切成每份50g，搓圓。

5　再稍微壓扁，備用。

6　取鍋子，加入細砂糖，以中小火炒至
　　融化。

7　再慢慢加入水、黑糖，煮至沸騰。

8　加入做法5，煮至軟糯，取出，搭配花生
　　糖粉食用即可。

事前準備

取調理碗，加入所有材料 A，拌
勻，即為花生糖粉。

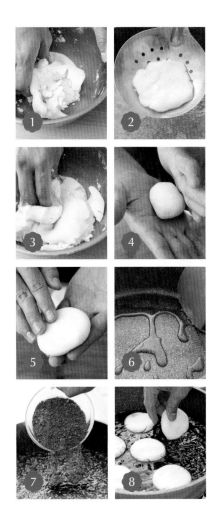

秘 師傅的秘訣筆記

● 麻糬浮起即熟透，口感雖 Q 卻較不入味，若喜歡
　軟糯的口感，浮起後以小火再煮 5 ～ 10 分鐘即可。

● 花生粉也可替換成芝麻粉、黃豆粉或薑汁糖水，各
　有不同風味。

傳統豆花

3~4
人份

傳統的做法為黃豆漿加入可食用的石膏粉或滷水，使其凝結成嫩軟的質地，在口感上有明顯的顆粒感。通常會加入糖水或豆漿，以及綠豆、紅豆、花生、芋圓等配料。

材料

A ▸ 地瓜粉 20g、燒石膏 4g、飲用冷水 90cc、豆漿 1000cc

B ▸ 細砂糖 100g、黑糖 100g、老薑 20g、水 1000cc

調味料

老薑切片。

做法

1　取調理盆，加入地瓜粉、燒石膏、飲用冷水，攪拌均勻。

2　豆漿加熱至沸騰，然後沖入做法1，沖滾均勻，放置約15～20分鐘，等待凝結，即為豆花。

3　取鍋子，加入材料B，煮至沸騰，聞到薑味，即為糖水。

4　舀出豆花，盛碗，加入糖水即可。

──── 秘 師傅的秘訣筆記 ────

- 亦可以用豆漿 1000g 兌鹽滷 5g（依鹽滷濃度不同，斟酌調整份量），蒸煮 15 分鐘至成型。

- 燒石膏又稱為石膏粉，可以在食品化工材料行或中藥鋪購買。如果買不到燒石膏，可以換成豆花粉，做法都相同。

- 豆花建議盡快吃完，若沒吃完，要放入冰箱冷藏，吃之前稍微蒸熱，就會有剛做好的口感。

- 可依個人的喜好，添加芋圓、薏仁等配料，或將糖水替換成花生湯、紅豆湯。

芝麻球

用糯米製成的油炸點心，外層裹有芝麻，並包入甜豆沙、花生餡、紫薯泥等內餡。在高雄岡山也稱做「燒馬蛋」，在澎湖則稱做「炸棗」，對於澎湖人而言，炸棗有吉祥喜氣、祝福的象徵。

材料

3~4
人份

紅豆沙 240g、糯米粉 200g、澄粉 40g、細砂糖 70g、滾水 200cc、沙拉油 20g、生白芝麻 100g

做法

1　紅豆沙分成12等份，用雙手手掌搓圓，備用。

2　取調理盆，加入糯米粉、澄粉、細砂糖拌勻，沖入滾水，快速攪拌成糰。

3　再加入沙拉油，揉成光滑狀，即為糯米糰。

4　將糯米糰也分成12等份，用雙手手掌搓圓。

5　然後，再稍微壓扁。

6　包入紅豆沙，以手掌虎口收口，再搓圓。

7　外表沾水，再沾上生白芝麻，並用力壓緊。

8　放入170℃的油鍋，不時滾動芝麻球，以中小火油炸至金黃上色即可。

秘 師傅的秘訣筆記

- 油炸時，稍微滾動芝麻球，可以讓表面平均受熱，色澤更好看。

- 炸油溫度不可以太高，否則芝麻球會裂開。

杏仁豆腐

3~4
人份

杏仁豆腐是一種傳統的夏日甜品，因外型像豆腐而得名。做法是用甜杏仁磨成漿，加入假酸漿種子（現在多用寒天、吉利丁替代）煮沸，冷卻凝結後切成小塊，加入糖水食用。

材料

南杏 40g、北杏 10g、洋菜粉 5g、水 400cc、牛奶 80g、綜合水果罐頭 50g、糖水 200cc

調味料

細砂糖 2 大匙

事前準備

南杏、北杏放入烤箱，以 160℃烘烤約 20 分鐘，烤至杏仁上色。

做法

1 取調理碗，加入洋菜粉、水40cc拌勻，備用。

2 取調理機，加入南杏、北杏、水360cc，攪打混合均勻。

3 取鍋子，將打好的杏仁糊倒入濾網，過濾進鍋子中。

4 加入做法1、細砂糖，以中小火加熱，邊攪拌邊煮，煮滾後再煮 5分鐘。

5 熄火，加入牛奶，混合均勻。

6 倒入模具（方型玻璃保鮮盒），靜置冷卻，再放入冰箱冷藏至完全凝固。

7 取出，將模具倒扣於砧板上，再切分成約 1.5 cm 的方塊，搭配綜合水果、糖水食用即可。

—————— 秘 **師傅的秘訣筆記** ——————

• 杏仁分為南杏與北杏，南杏又稱甜杏仁，香氣較淡、味道偏甜；北杏又稱苦杏仁，香氣較濃郁、味道偏苦，兩種搭配使用，讓風味更佳。

• 也可以將配方中的南杏、北杏替換成杏仁露10g。

綠豆蒜

將綠豆剝殼後，熬煮至稠狀。由於看起來像是拍碎的蒜仁，因而取名綠豆蒜。是款冷熱、四季都適合享用的甜湯，在屏東車城常做為喜宴的最後一道菜。

3~4
人份

材料

A ▸ 去殼綠豆仁 200g、水 1000cc、桂圓肉 60g

B ▸ 太白粉 1 大匙、水 20cc

調味料

冰糖 2 大匙、黑糖 3 大匙

事前準備

綠豆仁洗淨，瀝乾水分。

做法

1 取鍋子，加入水、綠豆仁，以中火煮滾，再加入桂圓肉，轉小火煮10分鐘，關火。

2 蓋上鍋蓋，燜10分鐘。

3 加入冰糖、黑糖，以中火煮至冰糖溶解。

4 取調理碗，加入材料B，拌勻，即為太白粉水。

5 做法3加入太白粉水勾芡，拌勻即可。

㊙ 師傅的秘訣筆記

● 勾芡時，要一邊慢慢倒入太白粉水，一邊以畫同心圓的方式快速攪拌。記得別一次倒入鍋中，以避免結塊。

花生牛奶湯

3~4
人份

花生牛奶湯是一道美味可口的甜湯，發源於泉州地區，是屬於閩菜系，而後傳入台灣。由於花生仁粒粒飽滿，因此有象徵圓滿美好的意涵。花生仁軟爛不碎、入口即化，湯色乳白、甘甜爽口，深受大小朋友喜愛。

材料

花生仁 150g、水 800cc

調味料

細砂糖 80g、煉乳 20g

事前準備

花生仁去皮，洗淨。

做法

1　花生仁泡水3小時。

2　將水倒掉，把花生瀝乾。

3　放入冰箱冷凍1天，再取出解凍。

4　取壓力鍋，加入花生、水，蓋上鍋蓋，煮至滾沸，轉小火煮30分鐘，關火再燜10分鐘。

5　加入所有調味料，拌勻即可。

──── 秘 **師傅的秘訣筆記** ────

● 花生冷凍後，再解凍烹煮，可以煮出較綿密的口感。若想節省時間，最少也須冷凍 2 小時，煮出來的花生才會鬆軟可口。

黑糖糕

來自澎湖縣的黑糖糕點，主要的原料為黑糖、水、中筋麵粉、泡打粉、芝麻等，據說是在日治時期，由沖繩的琉球粿加以改良而來，發明人為馬公市的糕餅師傅。

3~4
人份

材料

中筋麵粉 300g、太白粉 150g、泡打粉 15g、水 500cc、生白芝麻 50g

調味料

黑糖 200g

事前準備

中筋麵粉、太白粉、泡打粉、黑糖過篩。

做法

1 取調理盆，加入中筋麵粉、太白粉、泡打粉拌勻，備用。

2 另取調理盆，加入黑糖、水攪拌均勻。

3 將做法2加入到做法1之中。

4 用打蛋器攪拌至無麵粉顆粒。

5 倒入模具容器，撒上生白芝麻。

6 放入蒸鍋，鍋蓋插入一支筷子（留孔洞），蒸煮約15分鐘，取出放涼即可。

 師傅的秘訣筆記

● 模具使用前，可以塗上一層油，或鋪上烘焙紙，會比較容易脫膜。

紫米芋泥糕

3~4
人份

這是現在流行的網紅美食，軟Q的紫米糕，結合綿密的芋泥，
相得益彰，可以再依照自己喜好，加入枸杞或一些果仁，口感、
風味會更佳。

材料

A ▸ 紫糯米 150g、圓糯米 300g、桂圓肉 50g、
芋頭 500g

B ▸ 泡紫米水 350cc、米酒 1 大匙、沙拉油 2 大
匙、糯米粉 30g

調味料

A ▸ 無鹽奶油 2 大匙、細白糖 5 大
匙、鹽 1/3 小匙

B ▸ 黑糖 60g

事前準備

紫糯米洗淨泡水（水留下 350cc），放入冰箱冷藏 8 小時，瀝乾；圓糯米洗淨，瀝乾；
芋頭去皮，切塊；桂圓肉用熱水、少許米酒（份量外），浸泡至軟，備用。

做法

1 芋頭塊放入電鍋，外鍋倒入1.5杯水，蒸
煮25分鐘至熟。

2 趁熱加入調味料A，拌勻成芋泥，備用。

3 紫糯米放入滾水，汆燙5分鐘，取出。

4 紫糯米、圓糯米、材料B混合均勻，放入
電鍋，外鍋倒入2杯水蒸30分鐘，再倒入
2杯水蒸30分鐘後，燜10分鐘。

5 取出，趁熱加入黑糖，攪拌均勻。

6 取保鮮盒，鋪上保鮮膜，放上一半的糯
米，加入芋泥鋪平。

7 再放入另一半的糯米，封上保鮮膜，壓
平，放涼，切塊狀即可。

——— 秘 師傅的秘訣筆記 ———

● 紫糯米本身比較硬，所以要浸泡及事先水煮過，才
會有比較好的口感。

● 紫米芋泥糕可以用吐司模加不沾紙來塑形，也可以
用耐熱碗塑形，或用小條的點心模等。

● 糯米或芋頭一定要趁熱拌入糖，糖才會融化，比較
好拌開。

● 糯米蒸兩次會比較軟綿，冷了也比較不會變硬。

紫山藥餅

將紫山藥切塊，再攪打至黏稠，加入一些地瓜粉、細砂糖，拌勻成泥狀，再油煎至熟，是一種古早味的地方特色小吃。

材料

紫山藥 350g、水 60cc、細地瓜粉 130g、熟白芝麻 10g、胡麻油 2 大匙

3~4
人份

調味料

細砂糖 80g、鹽 1 / 2 小匙

事前準備

紫山藥去皮，切小塊。

做法

1　取調理機，加入紫山藥塊、水，攪打成泥狀。

2　再加入地瓜粉、細砂糖，攪打成泥狀。

3　倒入調理盆，加入熟白芝麻、鹽拌勻。

4　取平底鍋，倒入胡麻油2大匙，用湯杓舀入1大匙做法3。

5　用鍋鏟壓成餅狀，以小火煎至兩面酥脆即可。

㊙ 師傅的秘訣筆記

● 紫山藥先不要清洗，戴手套削皮後再洗，比較不會手癢。

● 可以在山藥泥中加一些堅果粒，增加口感、營養。

炸芋丸

3~4
人份

炸芋丸是台灣的古早味點心,用芋泥捏成棗子形狀,下鍋油炸而成。因為「芋」頭和富「裕」同音,有象徵來年富貴的寓意,因此也是過年餐桌上常見的應景料理。

材料

芋頭 360g、中筋麵粉 45g、太白粉 45g、鹹蛋黃 6 個、紅豆沙 100g

調味料

細砂糖 2 大匙、米酒少許

事前準備

芋頭去皮，切片；鹹蛋黃切成 4 等份。

做法

1　鹹蛋黃噴上少許米酒（份量外），放入蒸鍋，蒸煮5分鐘，取出，備用。

2　芋頭片放入蒸鍋，以大火蒸煮30分鐘。

3　取調理盆，趁熱加入芋頭片，再加入中筋麵粉、太白粉、細砂糖，拌壓成芋泥，備用。

4　紅豆沙分成12等份，包入鹹蛋黃搓圓。

5　取一份做法4，以適量的芋泥包附。

6　再用芋泥收口，整形成圓形。

7　放入油鍋，以70℃油炸至表面金黃即可。

———————— 秘 **師傅的秘訣筆記** ————————

- 整型時，能以少許的太白粉或麵粉當做手粉，避免沾黏。

- 芋丸放入油鍋後，稍微攪動鍋邊，避免沾鍋，不要直接翻動芋丸，芋丸尚未成型，容易破裂或散開。

紅龜粿

3~4 人份

在古代，華人會把象徵吉祥、長壽的烏龜拿來祭天，以祈求長壽、吉祥。但隨著時代演變，漸漸地改由以烏龜造型的糕點取代，因而發展出紅龜粿、麵龜、壽桃龜、麵線龜等糕點。

材料

月桃葉 4 片、水 170cc、糯米粉 240g、紅色食用色素 0.5g、紅豆沙 240g、沙拉油 30g

調味料

細砂糖 60g

事前準備

月桃葉（或烘焙紙）修剪成比模具稍大的尺寸。

做法

1　取調理盆，加入水、糯米粉、細砂糖、食用色素拌勻，搓揉成糰。

2　取20g的做法1，放入滾水煮熟，待浮起後，取出，即為粿粹。

3　將粿粹加入做法1揉製成光滑狀，靜置鬆弛20分鐘，即為糯米糰。

4　紅豆沙、糯米糰各分成4等份，用糯米糰包入紅豆沙，再以手掌搓圓。

5　模具刷上食用油，預防沾黏。

6　放上做法4，均勻壓入模具。

7　倒扣出來，放置月桃葉（或烘焙紙）上。

8　放入蒸鍋，鍋蓋插入一支筷子（留孔洞），以中火蒸煮20分鐘，取出放涼即可。

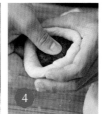

秘 師傅的秘訣筆記

● 底部的收口不可以太厚，否則不容易熟透。

● 蒸煮時，鍋蓋需架支筷子，留一個小孔隙，防止水氣滴到紅龜粿上，影響外觀。

桂圓米糕粥

3~4
人份

秋冬來喝上一碗，熱騰騰的古早味桂圓米糕粥，香甜順滑的口感，能驅寒溫補、暖心又暖胃。

材料

圓糯米 300g、桂圓肉 30g、乾蓮子 50g、水 3000cc、紅棗 10 粒

調味料

米酒 2 大匙、紅糖 40g、冰糖 40g

事前準備

糯米洗淨，泡水 1 小時；桂圓肉用少許的米酒、水（份量外），浸泡至軟；乾蓮子洗淨，泡水至軟，摘除蓮子心。

師傅的秘訣筆記

- 桂圓粥用圓糯米黏性比較佳，也會較滑順。
- 乾蓮子可以用雪蓮子代替。

做法

1 取鍋子，加入水煮滾後，加入圓糯米、蓮子煮滾，轉小火煮20分鐘。

2 再加入桂圓肉、米酒、紅棗，再煮10分鐘。

3 最後，加入紅糖，攪拌煮勻即可。

 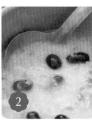 

暖 心 又 暖 胃 的

羹 湯

　　喜愛喝湯的朋友千萬不可錯過！四神湯、藥燉排骨湯、酸菜豬血湯、
酸辣湯、貢丸湯、魷魠魚羹，甚至還有薑母鴨、羊肉爐、客家鹹湯圓，絕
對有你喜歡的羹湯，讓你喝得暖心又暖胃、喝得心滿意足！

四神湯

3~4
人份

四神湯是傳統的藥膳小吃，與肉圓、肉粽最對味。常喝可健壯脾胃、養心安神，還能增加免疫力。

材料

A ▸ 青蔥 1 根、豬小腸 500g、薑片 3 片、水 1000cc、米酒 2 大匙

B ▸ 乾蓮子 50g、薏仁 30g、芡實 30g、茯苓片 30g、淮山片 30g、白果 30g、豬骨高湯 3000cc

調味料

米酒 2 大匙、鹽 1 大匙、味素 1 小匙、當歸米酒 2 大匙

事前準備

青蔥切段；材料 B（高湯除外）洗淨，泡水 1 小時。

做法

1 豬小腸翻面，清洗乾淨。

2 取鍋子，加入材料A煮滾，轉小火，煮20分鐘。

3 取剪刀，將豬小腸剪成5公分小段，備用。

4 取鍋子，加入豬小腸段、材料B、米酒煮滾，轉小火，蓋上鍋蓋，煮1小時待小腸軟Q，再加入其他的調味料（當歸米酒最後加入）即可。

㊙ 師傅的秘訣筆記

● 四神湯的豬小腸要清理乾淨，要放入冷水鍋，煮滾 5 分鐘，才能去除腥味。

● 可以加入一些帶肉排骨，增加鮮甜味。

藥燉排骨湯

「藥補不如食補」，平價的藥燉排骨，便成了台灣人的首選。雖然都是取豬肋骨瘦肉塊熬煮，但與南洋肉骨茶的香料味不同，保留了中藥的香氣，卻不帶有苦味，是夜市及街邊常見的湯品之一。

材料

A ▶ 豬排骨 900g、當歸 1 片、川芎 5g、黃耆 15g、甘草 5g、熟地 1 片、紅棗 5 粒、水 1500cc、枸杞 10g

B ▶ 紗布袋 1 個、丁香 1g、小茴香 1g、桂枝 1g、桂皮 1g

3~4 人份

調味料

米酒 800g、味素 1.5 小匙、鹽 1 大匙、當歸米酒 1 大匙

事前準備

豬排骨用清水沖洗乾淨。

做法

1 豬排骨放入滾水，以大火汆燙2分鐘，取出。

2 汆燙好的豬排骨，以清水沖洗掉雜質。

3 取紗布袋，裝入其他的材料B，即為中藥包。

4 取鍋子，加入材料A（枸杞除外）、中藥包、所有調味料，煮至沸騰，以小火續燉1小時。

5 加入枸杞，煮約5分鐘即可。

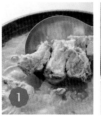

秘 **師傅的秘訣筆記**

● 紗布袋要確實包好，以免中藥材散落湯中。

● 購買少量中藥材，可以至中藥店直接抓配，新鮮又快速。

214

酸菜豬血湯

豬血湯是台灣著名的小吃之一,與炒米粉、滷肉飯是最佳組合。天氣寒冷時,喝一口暖呼呼的湯,加上 Q 嫩的豬血,真是過癮呀。

3~4
人份

材料

豬血 400g、酸菜 120g、嫩薑 30g、韭菜 50g、豬骨高湯 2000cc

調味料

鹽 1 小匙、白胡椒粉 1 / 2 小匙、米酒 1 小匙、味素 1 / 2 小匙、香油 1 大匙、沙茶醬 2 大匙

事前準備

豬血切小塊狀,泡水;酸菜剝開,洗淨後切絲,泡水 5 分鐘;嫩薑切絲;韭菜切小段。

做法

1　豬血塊放入滾水,汆燙2分鐘,取出。

2　汆燙好的豬血,放入冷水浸泡,備用。

3　取鍋子,加入豬骨高湯、酸菜絲,煮滾5分鐘。

4　加入豬血、薑絲,煮滾後撈除浮沫,再加入所有調味料。

5　最後,加入韭菜段,煮熟即可。

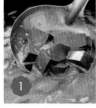

秘 師傅的秘訣筆記

- 豬血一定要買新鮮的,比較滑嫩,也比較沒有腥味。

- 酸菜本身很鹹,所以切好後要先泡水,降低鹹度。

- 煮豬血湯不能開大火,豬血會產生孔洞,而失去滑嫩感。

排骨酥湯

3~4
人份

排骨經醃漬入味，油炸釋放出排骨酥的鮮香美味，再結合濃郁的大骨高湯，燉至湯、肉合而為一，真是好喝。還可以加入麵條，做成排骨酥湯麵。

材料

冬瓜 400g、排骨酥 300g、豬骨高湯 1200cc、小燉盅 4 個、薑片 12g、香菜 15g

調味料

味素 1 小匙、鹽 1 / 2 小匙、紹興酒 1 大匙、白胡椒粉適量

事前準備

冬瓜削去外皮，挖除瓜囊，切 5 公分塊狀。

做法

1　排骨酥放入180℃的油鍋，再次炸酥，取出，備用。

2　取鍋子，加入豬骨高湯，煮滾，再加入所有調味料（胡椒粉除外）拌勻，備用。

3　取小燉盅，加入排骨酥、冬瓜塊、薑片，再加入做法1的高湯至8分滿。

4　放入蒸鍋，蒸煮1小時，待排骨酥、冬瓜塊軟爛，撒上白胡椒粉、香菜即可。

 師傅的秘訣筆記

● 排骨酥湯搭配的蔬菜可依季節性替化，如有綠竹筍、芋頭、蓮藕等，風味都有獨特的吸引人之處。

酸辣湯

3~4
人份

酸辣湯的酸是醋，辣是白胡椒粉，酸香味十足，濃稠滑順，材料多樣，口感豐富，經常出現在水餃店、鍋貼店，是大眾喜愛的開胃湯品。

材料

A ▸ 嫩豆腐 1 盒、鴨血 120g、胡蘿蔔 40g、新鮮黑木耳 50g、沙拉筍 50g

B ▸ 豬里肌肉 100g、青蔥 50g、雞蛋 1 個、雞高湯 1000cc、太白粉 35g、水 70cc

調味料

A ▸ 醬油 1 大匙、細砂糖 1 小匙、鹽 1 小匙、味素 1 / 2 小匙、香油 1 大匙

B ▸ 白醋 3 大匙、白胡椒粉 1 / 2 大匙

事前準備

嫩豆腐洗淨,與鴨血切細絲,泡水;胡蘿蔔去皮,與新鮮黑木耳、沙拉筍、豬里肌肉切絲;青蔥切成蔥花;雞蛋打散成蛋液。

做法

1 取鍋子,加入雞高湯煮滾,再加入肉絲,攪拌開來。

2 再次將高湯煮滾,用勺子撈除浮沫。

3 加入材料A、調味料A(香油除外),煮3分鐘,太白粉、水調勻,加入勾芡。

4 先將調味料B混合,再加入鍋中拌勻。

5 一邊攪拌,一邊緩緩淋入蛋液,煮成蛋花。

6 最後,淋入香油,撒上蔥花即可。

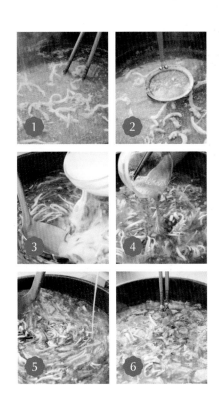

────── 秘 **師傅的秘訣筆記** ──────

● 鍋子不能用鐵鍋,如果時間放久了,醋的酸會讓鐵鍋的鐵質釋放出來。

● 白醋和胡椒粉加熱過久會流失風味,所以要快煮好再加入。

貢丸湯

**3~4
人份**

貢丸湯搭配乾麵、炒米粉、滷肉飯是最強組合，Q彈爽脆貢丸，
相信大家都很喜歡，是一路陪伴我們成長，不可或缺的美食。

材料

豬後腿絞肉（溫體）250g、豬板油 90g、白蘿蔔 150g、芹菜 20g、蛋白 1 粒、玉米粉 40g、碎冰塊 30g、油蔥酥 20g

調味料

A ▸ 蔥薑汁 1 大匙、細砂糖 1 大匙、鹽 1 小匙、味素 1 小匙、米酒 1 小匙、蒜粉 1 / 2 小匙、白胡椒粉 1 / 4 小匙

B ▸ 鹽 1 小匙、白胡椒粉 1 / 2 大匙、香油 1 大匙

事前準備

豬後腿絞肉、豬板油放入冰箱冷凍 20 分鐘；白蘿蔔去皮，切塊；芹菜切末。

做法

1　取調理機，加入豬後腿絞肉、豬板油、調味料A，攪打1分鐘呈泥狀。

2　再加入蛋白、玉米粉、碎冰塊，攪打1分鐘成貢丸肉漿，放入冰箱冷藏30分鐘。

3　加入芹菜末10g、油蔥酥10g攪拌均勻。

4　準備一鍋約70℃的熱水，以手掌虎口掐出肉漿丸，用湯匙挖起。

5　放入熱水，維持水溫，泡煮5分鐘。

6　加熱煮滾2分鐘，待丸子浮起，即為貢丸，取出。

7　加入蘿蔔塊煮軟，再加入貢丸、調味料B，撒上芹菜末、油蔥酥即可。

秘 師傅的秘訣筆記

● 製作貢丸要使用溫體肉，找肉商就購買得到。

● 水溫非常重要！一定要處於低溫，材料中的油脂才能乳化。

● 另外可以加入香菇丁、馬蹄、芋頭丁、海藻等，做成各種風味貢丸。

花枝丸湯

3~4 人份

花枝丸是澎湖著名的名產，也是熱門的伴手禮之一。有飽滿彈牙嚼勁，滋味清甜不油膩，深受很多人的青睞。無論用來煮湯、油炸、碳烤、加入火鍋，怎麼煮都很美味。

材料

花枝 200g、芹菜 20g、豬板油 40g、冰塊 50g、蛋白 1 粒、樹薯粉 50g、魚漿 80g、水 2000cc、油蔥酥 20g

調味料

A ▸ 干貝粉 1 小匙、味素 1 小匙、蒜粉 1 小匙、細砂糖 1 大匙、蔥薑汁 1 小匙、米酒 1 / 2 小匙、白胡椒粉 1 / 4 小匙、香油 1 / 2 小匙

B ▸ 鹽 1 小匙、干貝粉 1 / 2 小匙

事前準備

花枝洗淨，用廚房紙巾吸乾水分，切小塊；芹菜切末。

做法

1 取調理機，加入花枝塊（留下幾塊）、豬板油、冰塊，攪打30秒成泥狀。

2 再加入蛋白、調味料A（香油除外）攪打均勻。

3 加入樹薯粉、魚漿、香油攪打均勻，再加入留下的花枝塊拌勻，放入冰箱冷藏20分鐘。

4 取鍋子，加入水、調味料B，煮至約70℃，湯匙沾水，以手掌虎口掐花枝漿丸挖起。

5 將魚漿丸放入鍋中，以小火泡煮約5分鐘。

6 待花枝丸浮起，撒上油蔥酥、芹菜末即可。

—— ㊙ 師傅的秘訣筆記 ——

• 冷凍花枝本身具有鹹味，所以不用再加鹽，如果是新鮮花枝，就要酌量加點鹽。

• 如果想要變化風味，可以在做法3，最後加入海菜、蝦仁拌勻。

香菇赤肉羹

3~4
人份

赤肉羹是非常親民的台灣小吃。自己製作，真材實料，選用瘦肉，沒有肥肉，肉質更加軟嫩，口感扎實有彈性，香氣十足。

材料

A ▸ 豬後腿肉 300g、乾香菇 30g、白蘿蔔 150g、雞蛋 1 個、魚漿 120g、油蔥酥 20g、豬骨高湯 3000cc、香菜 30g、蒜酥 20g

B ▸ 鹽 1／2 小匙、醬油 2 小匙、米酒 1 小匙、細砂糖 1 小匙、五香粉 1／4 小匙、白胡椒粉 1／4 小匙、味素 1 小匙、小蘇打粉 1／4 小匙、甘草粉 1／4 小匙、水 4 大匙、蒜泥 1 大匙

C ▸ 地瓜粉 1.5 匙、太白粉 1.5 匙　　D ▸ 太白粉 3 大匙、水 6 大匙

調味料

香油 1 大匙、醬油 2 大匙、冰糖
1 小匙、味素 1 小匙、鹽 1 小匙、
白胡椒粉 1 / 2 小匙

事前準備

豬後腿肉修除筋膜，逆紋切 0.2 公分的片狀；
乾香菇泡水至軟，切絲；白蘿蔔去皮，切丁；
雞蛋打散成蛋液。

做法

1 取調理盆，加入豬後腿肉片、材料B，以
  順時針方向攪拌，並抓起肉片摔打。

2 靜置10分鐘後，加入材料C拌勻。

3 加入魚漿、油蔥酥拌勻，再加入香油拌
  勻，讓每片豬肉都裹到魚漿，放入冰箱
  冷藏。

4 取鍋子，加入豬骨高湯，加熱至約70℃，
  把做法3一片一片撥入。

5 煮熟後取出，即為赤肉羹，備用。

6 加入香菇絲、白蘿蔔丁、其他調味料，
  再加入材料D調勻的太白粉水勾芡。

7 緩慢淋入蛋液，攪拌成蛋花。

8 加入赤肉羹，撒上香菜、蒜酥即可。

—— 🔒 師傅的秘訣筆記 ——

- 豬肉片經過摔打，吃起來口感會變得比較 Q 彈。
- 煮肉羹的水溫要保持在 70℃，不能過於滾沸。
- 蛋液要在勾好芡後再淋入，才會漂浮在表面，口感
  才會滑嫩。

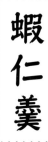

蝦仁羹

3~4
人份

柴魚高湯打入蛋花，勾一層薄芡，湯
頭色澤誘人，喝起來口感香甜順口。
加上Q彈脆口的蝦仁羹，滋味鮮甜，
吃來真是爽快！

材料

A ▶ 蝦仁 200g、沙拉筍 100g、雞蛋 1 個、太白粉 1 小匙、魚漿 100g、柴魚片 20g、柴魚高湯 1200cc、香菜適量

B ▶ 米酒 1 小匙、白胡椒粉 1/4 匙

C ▶ 太白粉 3 大匙、水 6 大匙

調味料

細砂糖 1 小匙、鹽 1 小匙、柴魚粉 1 小匙、香油 1 大匙、烏醋 2 大匙

事前準備

蝦仁挑除腸泥;沙拉筍切絲;雞蛋打散成蛋液。

做法

1 取調理盆,加入蝦仁、材料B拌勻,放入冰箱冷藏30分鐘。

2 蝦仁用廚房紙巾吸乾水分。

3 加入太白粉1小匙攪拌均勻。

4 再加入魚漿拌勻(如果魚漿太硬,可以加入少許的水)。

5 放入70℃的熱水,泡煮至熟,取出,備用。

6 再加入筍絲、調味料(烏醋除外)煮滾,材料C調勻成太白粉水,加入勾芡。

7 緩慢淋入蛋液,攪拌成蛋花。

8 加入做法5,淋入烏醋,撒上香菜即可。

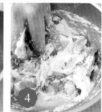

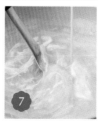

—— 秘 **師傅的秘訣筆記** ——

- 魚漿用旗魚漿、綜合魚漿都可,在美式賣場、傳統市場皆有販售,也可以自製魚漿。

- 煮蝦仁羹要用溫水慢慢泡煮,口感才會好。

沙茶魷魚羹

3~4
人份

228

這是一道國民小吃，滑順的湯頭，散發出濃濃的柴魚香，再加上爽脆彈牙的魷魚，搭配沙茶醬、烏醋最對味了。

材料

A ▸ 發泡魷魚 1／2 尾、雞蛋 1 個、青蔥 1 根、薑片 2 片、米酒 50g、柴魚高湯 1200cc、蒜酥 20g、九層塔 30g

B ▸ 地瓜粉 2 大匙、水 4 大匙

事前準備

魷魚泡水泡發，用流水洗淨，撕除外膜，逆紋切 1.5 公分條狀；雞蛋打散成蛋液；青蔥切段。

做法

1 取鍋子，加入蔥段、薑片、米酒煮滾，再加入魷魚條，汆燙30秒。

2 取出魷魚條，浸泡飲用冷水，備用。

3 取鍋子，加入柴魚高湯煮滾，再加入調味料A、蒜酥拌勻。

4 取調理碗，加入材料B調勻，慢慢倒入鍋中，用勺子攪動成漩渦狀。

5 持續攪動，緩慢加入蛋液成絲，再加入香油拌勻。

6 加入做法2、九層塔，盛碗後再依個人喜好加入沙茶醬、烏醋即可。

調味料

A ▸ 醬油 2 小匙、冰糖 1 小匙、鹽 1／2 小匙、味素 1／2 小匙、白胡椒粉 1／4 小匙、香油 1 大匙

B ▸ 沙茶醬適量、烏醋適量

㊙ 師傅的秘訣筆記

• 魷魚要逆紋切條，口感較佳，也較好咬斷。

生炒鴨肉羹

3~4
人份

嘉義新港的鴨肉羹最為出名！透過猛烈的火力，炒出鑊氣，鴨肉片鮮嫩，微甜回甘，筍絲爽脆，醋香撲鼻，堪稱人間美味。

材料

A ▸ 帶皮鴨胸肉 300g、青蔥 1 根、洋蔥 1 / 2 個、沙拉筍 200g、蒜仁 15g、鴨肉高湯 1200cc

B ▸ 太白粉 3 大匙、水 6 大匙

調味料

米酒 3 大匙、鹽 1 小匙、細砂糖 1 大匙、五印醋 4 大匙、味素 1 小匙、甘草粉 1 / 4 小匙、白胡椒粉 1 / 4 小匙、香油 1 大匙

事前準備

鴨肉連皮切 0.3 公分厚的片狀；青蔥切小段；洋蔥、沙拉筍切絲；蒜仁切末。

做法

1　取鍋子，倒入食用油4大匙，加入洋蔥絲、青蔥段、蒜末爆香。

2　加入鴨肉片，不斷翻炒，再加入米酒去腥，炒至變色。

3　加入鴨肉高湯、筍絲、調味料（香油除外），煮滾3分鐘。

4　取調理碗，加入材料B調勻成太白粉水，加入鍋中勾芡。

5　最後，淋入香油即可。

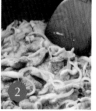

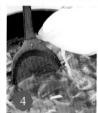
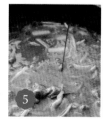

———— 秘 **師傅的秘訣筆記** ————

● 建議可以買半隻鴨子，請商家幫忙去骨，骨頭帶回家可以熬湯，或以雞高湯取代。

生炒花枝羹

3~4 人份

士林夜市、通化街夜市、饒河街夜市等，每一攤的生炒花枝羹都熱鬧滾滾，不管是加入高麗菜或筍片，還是白醋或烏醋，不變的是酸甜滋味及爽脆花枝。

材料

A ▸ 花枝 400g、沙拉筍 100g、新鮮黑木耳 30g、辣椒 1 根、蒜仁 15g、洋蔥 80g、青蔥 20g、九層塔 10g、薑片 10g、水 1000cc

B ▸ 太白粉 2 大匙、水 4 大匙

調味料

米酒 2 大匙、鹽 1 小匙、細砂糖 1 大匙、白胡椒粉 1 / 4 小匙、烏醋 3 大匙、香油 1 大匙

㊙ 師傅的秘訣筆記

● 花枝要好吃，就不能切太薄，而且切好要泡冰水，這是花枝脆口的關鍵。

事前準備

花枝切 3 等分後，斜切厚片，頭足切適當大小；沙拉筍、黑木耳、辣椒切片；蒜仁切末；洋蔥切絲；青蔥切段；九層塔摘小朵。

做法

1 花枝片泡入冰水冰鎮，備用。

2 取鍋子，倒入食用油2大匙，加入洋蔥絲、蒜末、蔥段、辣椒片、薑片爆香。

3 加入花枝片，不斷翻炒，炒至稍微捲曲。

4 再加入筍片、黑木耳、水、所有調味料煮滾。

5 取調理碗，加入材料B調勻成太白粉水，加入鍋中勾芡。

6 最後，淋入香油，撒上九層塔葉即可。

鮏鮭魚羹

3~4
人份

鮏鮭魚羹也是台式人氣羹湯小吃之一，炸得酥脆的鮏鮭魚柳，拌入酸甜白菜的羹底，口感、滋味都很豐富。另外，魚肉可以用鯛魚代替。

材料

A ▸ 魠魠魚肉 300g、胡蘿蔔 20g、乾香菇 10g、大白菜 250g、粗地瓜粉 150g、柴魚高湯 2000cc、香菜 20g、蒜酥 10g

C ▸ 地瓜粉 3 大匙、水 6 大匙

B ▸ 醬油 1 小匙、米酒 2 小匙、細砂糖 2 小匙、鹽 1 / 2 小匙、白胡椒粉 1 / 4 小匙、五香粉 1 / 4 小匙、蒜泥 1 大匙、柴魚粉 1 / 4 小匙

調味料

醬油 1 大匙、冰糖 2 小匙、白胡椒粉 1 / 2 小匙、鹽 1 小匙、味素 1 / 2 小匙、香油 1 小匙、烏醋適量

事前準備

魠魠魚去骨取肉，切 1.5 公分條狀；胡蘿蔔切絲；乾香菇泡水至軟，切絲；大白菜切塊。

做法

1　取調理盆，加入魠魠魚肉、材料B拌勻，放入冰箱冷藏30分鐘。

2　醃好的魠魠魚肉均勻沾裹上粗地瓜粉，靜置5分鐘反潮。

3　放入180℃的油鍋，炸2分鐘至金黃酥脆至熟，取出，備用。

4　取鍋子，倒入食用油1大匙，加入香菇絲爆炒，再加入大白菜炒軟。

5　加入柴魚高湯、所有調味料（烏醋除外），材料C調勻，加入鍋中勾芡。

6　盛碗，加入炸好的魠魠魚塊，撒上香菜、蒜酥，淋上烏醋即可。

───── 秘 **師傅的秘訣筆記** ─────

● 羹底蔬菜材料可以用木耳、筍絲、高麗菜等代替。

● 魠魠魚塊可以一次炸多一點，放冰箱冷凍保存，下次只要烤熱即可。

● 魠魠魚也可以用鱈魚或鯛魚肉代替。

薑母鴨

薑母鴨是在台灣很受歡迎的冬季進補鍋物之一，因為含有老薑與中藥材，小火慢燉後，湯頭鮮甜，加入甘蔗熬煮，又更美味。另外，也常搭配麵線一起食用。

材料

3~4
人份

A ▸ 鴨肉 600g、老薑 30g、玉米 160g、水 2000cc、乾豆腐皮 4 片

B ▸ 紅棗 12 個、當歸 1 片、黨參 10g、枸杞 10g、甘草 5g

調味料

黑麻油 80g、米酒 750g、鹽 1 大匙、味素 1 / 2 小匙

事前準備

鴨肉剁塊；取老薑 15g 拍扁，其餘切片；玉米切段。

做法

1 取調理機，加入老薑15g、水50cc（份量外），攪打成薑汁，備用。

2 取鍋子，加入黑麻油、老薑，以小火炒香。

3 加入鴨肉炒至微焦黃。

4 再加入水、米酒、薑汁、材料B，以大火煮滾。

5 蓋上鍋蓋，轉小火，煮約1小時至鴨肉軟嫩，加入玉米、乾豆腐皮、其他的調味料煮熟即可。

秘 師傅的秘訣筆記

● 薑母鴨是一道久燉的料理，加入打碎的薑汁，可以省時並快速提味，或是用壓力鍋，放入大塊的薑來燉煮。

羊肉爐

3~4
人份

為岡山與溪湖的名產。在日治時期，就有流動攤販販售羊肉料理，但直到 1970 年代以後，羊肉爐才開始風行。食用時搭配豆瓣醬、豆腐乳，別有一番風味。

材料

A ▶ 帶皮羊肉 600g、鴨血 80g、高麗菜 100g、
老薑 100g、鴻喜菇 80g、青蒜 20g、紗布
袋 1 個、水 1000cc、乾豆腐皮 20g

B ▶ 陳皮 10g、甘草 10g、當歸 10g、川芎
10g、黃耆 10g、桂枝 5g

調味料

A ▶ 黑麻油 4 大匙、黑豆瓣醬 1 大
匙、辣豆瓣醬 1 大匙

B ▶ 米酒 500g、白胡椒粉 1 / 2 小
匙、冰糖 1 大匙、味素 1 小
匙、醬油 2 大匙

事前準備

帶皮羊肉切塊；鴨血切厚片；高麗菜切小片；
老薑切片；鴻喜菇切除根部，剝散；青蒜切斜片。

做法

1 取紗布袋，裝入材料B，即為中藥包，
備用。

2 羊肉塊放入滾水，以大火汆燙2分鐘，
取出。

3 羊肉塊用清水洗淨，瀝乾。

4 取鍋子，加入黑麻油、老薑片，以小火
爆香。

5 加入羊肉塊，拌炒至表面上色。

6 加入黑豆瓣醬、辣豆瓣醬炒香。

7 加入水、調味料B、中藥包，以大火
煮滾。

8 蓋上鍋蓋，轉小火煮約1小時至羊肉軟
嫩，加入高麗菜、豆腐皮、鴨血、鴻禧
菇煮熟，撒上青蒜即可。

 師傅的秘訣筆記

● 想吃羊肉爐又擔心羊騷味嗎？可以加入料酒或是當歸米酒來提鮮與減少羊騷味。

三角圓丸湯

3~4 人份

客家的三角圓，外觀有點像是閩南人的水晶餃，就像是一口小肉圓，揉合了外省的水餃。口感 Q 彈柔嫩的外皮，包裹著鹹香味四溢的肉餡，讓人意猶未盡。

材料

A ▸ 澄粉 100g、糯米粉 50g、滾水 80cc、沙拉油 2 大匙

B ▸ 豬絞肉 200g、豬油蔥 20g

C ▸ 乾香菇 20g、乾蝦米 20g、韭菜 30g、水 800cc、豬油蔥 20g、冬菜 10g

事前準備

乾香菇泡水至軟，切絲（保留香菇水）；乾蝦米泡水，瀝乾；韭菜切段。

做法

1 取調理盆，加入材料B、調味料A拌勻，放入冰箱冷藏2小時，即為餡料。

2 另取調理盆，加澄粉、糯米粉拌勻，沖入滾水攪拌成糰，再加入沙拉油，揉至耳垂的軟度。

3 滾成長條狀，分切成每份20g，用手掌搓圓。

4 再用刀身壓扁成薄皮。

5 包入餡料，從邊緣將薄皮捏合，換邊重複動作至成三角狀。

6 放入滾水，水煮至熟，備用。

7 取鍋子，倒入食用油2大匙，加入香菇絲、蝦米炒香。

8 加入水、香菇水、三角圓丸，煮至沸騰，再加入韭菜、冬菜、豬油蔥、調味料B即可。

調味料

A ▸ 醬油 1 大匙、香油 2 小匙、胡椒粉 2 小匙、味素 2 小匙

B ▸ 鹽 2 小匙、味素 2 小匙、胡椒粉 1/2 小匙

秘 師傅的秘訣筆記

● 如果用蒸煮的方式，三角湯圓會很黏，不妨放冷一下子，待水分散失就會比較好取下！

客家鹹湯圓

3~4 人份

湯圓為糯米製成，寓意團團圓圓，當客家人遇喜事如入厝、嫁娶、祝壽等熱鬧的活動時，一定會煮有象徵圓圓滿滿、團聚在一起的鹹湯圓來慶賀。

材料

A ▸ 乾香菇 20g、乾蝦米 20g、韭菜 50g、豬油蔥 20g、豬肉絲 80g、水 1500cc

B ▸ 糯米粉 200g、水 150cc、紅色食用色素 0.5g

調味料

米酒 2 小匙、鹽 2 小匙、味素 2 小匙、胡椒粉 2 小匙

事前準備

乾香菇泡水至軟（保留香菇水），切絲；乾蝦米泡水，瀝乾；韭菜切段。

做法

1　取調理盆，加入糯米粉、水揉製成糰。

2　糯米糰平分成2份，其中1份加入紅色食用色素混勻。

3　雙色糯米糰各取50g，放入滾水，煮至浮起，取出，即為粿粹。

4　粿粹加入同色的糯米糰，搓揉均勻。

5　雙色糯米糰各自分割成約1公分小塊，用手掌搓圓。

6　放入滾水，煮至浮起，取出，即為湯圓。

7　取鍋子，加入豬油蔥、香菇絲爆香，再加入蝦米、豬肉絲炒香。

8　加入水、香菇水、米酒、鹽、味素，煮沸後加入韭菜、湯圓，撒上胡椒粉即可。

秘 **師傅的秘訣筆記**

● 如果要保存做好的生湯圓，要將湯圓鋪平成一盤，放入冰箱冷凍，要是表皮產生龜裂，煮之前滾裹上一層糯米粉，修補一下即可。

食材與相關料理一覽表

（食材與料理依首字筆劃由少至多排序）

廚房 Kitchen 0137

萬年不敗台灣小吃！
商業級配方大公開

人氣名師以多年教學經驗、關鍵提點，傳授就是
吃不停的道地熱門小吃！自煮美味無負擔，開店
接單也沒問題

作　　　者　蔡萬利、楊勝凱

總 編 輯　鄭淑娟
責 任 編 輯　李冠慶
行 銷 主 任　邱秀珊
攝　　　影　蕭維剛
封 面 設 計　張芷瑄
內 頁 設 計　初雨有限公司（ivy_design）
烹 飪 助 手　游博俊、吳杰恩

出 版 者　日日幸福事業有限公司
電　　　話　（02）2368-2956
傳　　　真　（02）2368-1069
地　　　址　106 台北市和平東路一段 10 號 12 樓之 1
郵 撥 帳 號　50263812
戶　　　名　日日幸福事業有限公司
法 律 顧 問　王至德律師
電　　　話　（02）2773-5218
發　　　行　聯合發行股份有限公司
電　　　話　（02）2917-8022
印　　　刷　中茂分色印刷股份有限公司
電　　　話　（02）2225-2627
初 版 一 刷　2023 年 9 月
定　　　價　480 元

國家圖書館出版品預行編目(CIP)資料

萬年不敗台灣小吃！商業級配方大公開：人氣名師以多年
教學經驗、關鍵提點，傳授就是吃不停的道地熱門小吃！
自煮美味無負擔，開店接單也沒問題/蔡萬利, 楊勝凱著. --
初版. -- 臺北市：日日幸福事業有限公司, 2023.09
　面；　公分. -- (廚房Kitchen；137)
ISBN 978-626-97378-3-3(平裝)

1.CST: 小吃 2.CST: 食譜 3.CST: 臺灣

427.133　　　　　　　　　　　　　　112013917

CUOCO
Italy

石墨烯 S2
不沾大寶鍋組

• Graphene •
Nonstick Cookware

※商品圖示僅供參考，
請以實物為準。

立體鍋身花紋

石墨烯不沾貼面

鍋內無鉚釘

韓國製造

無62項PFAS

無PFOS

無PFOA

▲ FB粉絲團　　▲ 產品介紹

 瓦斯爐　 紅外線爐　 電陶爐　 鹵素爐

台灣總代理｜固鋼興業有限公司
www.gukang.com.tw　02-2683-5566

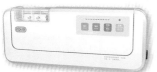

VA-201
真空包裝機(入門款)
【39x14.8x7.2(cm) / 2kg】

VA-501
真空包裝機(實惠款)
【36x14.5x7(cm) / 1.5kg】

保存食物延長3-5倍保鮮
真空／封口 一機兼具
乾／溼／軟／硬／粉／脆 皆適用

保固2年

胖鍋粉專

烘焙達人的夢幻烤箱

各式食材真空 沒問題！

PSO-040

專業級蒸氣/石板烤箱
【43x51x36(cm) / 15kg】

獨立上下火／電子式溫控
即熱式鍋爐蒸氣，隨時補充蒸氣
標配石板，底火蓄熱佳
32組記憶功能／28種內建食譜

保固2年

VA-101
雙結構真空包裝機
【40x20x9.5(cm) / 3.4kg】

雙結構：真空槽結構&真空氣嘴結構
平面、立體、格紋袋皆可使用
真空、充氣、封口，一機多用

保固2年

FR-506(六層) & FR-506P(十層)

恆溫乾果機
六層【45x34x31(cm) / 11kg】
十層【43x54x42(cm) / 17kg】

雙層金屬外殼、304不鏽鋼層架
寵物零食好幫手
低溫烘焙保留食材營養

保固3年

VA-301
真空包裝機(商用款)
【39x14.8x7.2(cm) / 2kg】

控制功能再升級，電腦控制板
預設抽真空時間，適合大量真空
乾／溼／軟／硬／粉／脆 皆適用

保固2年

MBG-036s

智能麵包機
【34.5x22x29(cm) / 6kg】

全球首創氣候設定
自動投入果料、酵母粉
水合法技術，雙龍熱管

保固3年

MX-505P

桌上型攪拌機
【39x24x35(cm) / 8kg】

全金屬傳動零件耐用，600瓦功率
7公升大容量，優美柔和線條外型
304攪拌球及鉤、矽膠刮板攪拌槳
可以擴充壓麵皮器(三款) & 絞肉器 & 切菜器

電機保固3年

圭盈實業有限公司　(02) 8200-3200　service@breadpan.com.tw　新北市新莊區萬壽路一段21巷17弄4號

味蕾輕盈 醇香回甘

優質特色：質地清澈、口感輕盈｜料理方式：沾、拌、醃、炒、煎

iTi 2023 3星

MONDE SELECTION
金獎

GREAT TASTE-3星

蔬食炒十香菜

熱鍋後先炒黃豆芽菜，依序炒香香菇絲
豆干絲、胡蘿蔔絲、炒軟再入筊白筍絲
木耳絲、海帶絲、榨菜絲、金針菇絲。
倒入茶姬醬油，最後放入芹菜拌炒，
即可享用。

鍋塌豆腐

鍋中倒入橄欖油，將豆腐微煎起鍋備用
五放薑末炒香，加入香菇拌炒，
再倒入茶姬醬油和米酒調味。
加入豆腐和碗豆拌炒即完成。

盈昊實業有限公司

嚴選品質優良的產品 注意食安問題
提供優惠的價格
讓您在家即可享受五星級餐廳頂級料理
每個人都可以成為創造美味味蕾的大師
各式肉類/海鮮均可客製化生產

民 大團購

壢自取處
園市中壢區內定二十街158巷41號
絡電話：0900-789356
業時間：9:00~16:00

央店自取處
園市中壢區玉興路406號
絡電話：0900-789356
業時間：9:30~21:00

山自取處
園市龜山區萬壽路二段578號
絡電話：0908-621070
業時間：9:30~19:30

伊比利梅花豬排

精緻好禮大相送，都在日日幸福！

只要填好讀者回函卡寄回本公司（直接投郵），您就有機會獲得以下大獎。

獎項內容

パンの鍋（胖鍋）
桌上型攪拌機 MX-505P（顏色隨機）
市價 10,800 元 ◆1 名

パンの鍋（胖鍋）
真空包裝機 VA-201（顏色隨機）
市價 4,380 元 ◆1 名

【義大利 CUOCO】
大寶 S3 鑽石旗艦版—
石墨烯不沾炒鍋 34CM（附蓋）
市價 2,980 元 ◆1 名

【義大利 CUOCO】
富貴紅鈦石不沾平底鍋 28CM
市價 2,280 元 ◆10 名

參加辦法

只要購買《萬年不敗台灣小吃！商業級配方大公開》，填妥書中「讀者回函卡」（免貼郵票）於 2024 年 01 月 15 日（郵戳為憑）寄回【日日幸福】，本公司將抽出以上幸運獲獎的讀者，得獎名單將於 2024 年 01 月 25 日公佈在：

日日幸福臉書粉絲團：
https://www.facebook.com/happinessalwaystw

廣　告　回　信

臺灣北區郵政管理局登記證

第 ０ ０ ４ ５ ０ ６ 號

請直接投郵，郵資由本公司負擔

10643

台北市大安區和平東路一段10號12樓之1

日日幸福事業有限公司　收

書名　萬老太爺在灣小吃！與業總監方大公開　HAK10137

讀 者 回 函 卡

感謝您購買本公司出版的書籍,您的建議就是本公司前進的原動力。請撥冗填寫此卡,我們將不定期提供您最新的出版訊息與優惠活動。

▶

姓名:＿＿＿＿＿＿＿＿ **性別**:□ 男　□ 女　**出生年月日**:民國＿＿＿年＿＿＿月＿＿＿日

E-mail:＿＿＿＿＿＿＿＿＿＿＿＿＿＿＿＿＿＿＿＿＿＿＿＿＿＿＿＿＿

地址:□□□□＿＿＿＿＿＿＿＿＿＿＿＿＿＿＿＿＿＿＿＿＿＿＿＿

電話:＿＿＿＿＿＿＿　**手機**:＿＿＿＿＿＿＿　**傳真**:＿＿＿＿＿＿＿

職業:□ 學生　　　□ 生產、製造　□ 金融、商業　□ 傳播、廣告
　　　　□ 軍人、公務　□ 教育、文化　□ 旅遊、運輸　□ 醫療、保健
　　　　□ 仲介、服務　□ 自由、家管　□ 其他

▶

1. 您如何購買本書?□ 一般書店(　　　　書店)　□ 網路書店(　　　　書店)
　　□ 大賣場或量販店(　　　　)　□ 郵購　□ 其他

2. 您從何處知道本書?□ 一般書店(　　　　書店)　□ 網路書店(　　　　書店)
　　□ 大賣場或量販店(　　　　)　□ 報章雜誌　□ 廣播電視
　　□ 作者部落格或臉書　□ 朋友推薦　□ 其他

3. 您通常以何種方式購書(可複選)?□ 逛書店　□ 逛大賣場或量販店　□ 網路　□ 郵購
　　□ 信用卡傳真　□ 其他

4. 您購買本書的原因?　□ 喜歡作者　□ 對內容感興趣　□ 工作需要　□ 其他

5. 您對本書的內容?　□ 非常滿意　□ 滿意　□ 尚可　□ 待改進＿＿＿＿＿＿

6. 您對本書的版面編排?　□ 非常滿意　□ 滿意　□ 尚可　□ 待改進＿＿＿＿

7. 您對本書的印刷?　□ 非常滿意　□ 滿意　□ 尚可　□ 待改進＿＿＿＿＿

8. 您對本書的定價?　□ 非常滿意　□ 滿意　□ 尚可　□ 太貴

9. 您的閱讀習慣:(可複選)　□ 生活風格　□ 休閒旅遊　□ 健康醫療　□ 美容造型　□ 兩性
　　□ 文史哲　□ 藝術設計　□ 百科　□ 圖鑑　□ 其他

10. 您是否願意加入日日幸福的臉書(Facebook)?　□ 願意　□ 不願意　□ 沒有臉書

11. 您對本書或本公司的建議:＿＿＿＿＿＿＿＿＿＿＿＿＿＿＿＿＿＿＿＿＿
＿＿＿＿＿＿＿＿＿＿＿＿＿＿＿＿＿＿＿＿＿＿＿＿＿＿＿＿＿＿＿＿＿＿
＿＿＿＿＿＿＿＿＿＿＿＿＿＿＿＿＿＿＿＿＿＿＿＿＿＿＿＿＿＿＿＿＿＿
＿＿＿＿＿＿＿＿＿＿＿＿＿＿＿＿＿＿＿＿＿＿＿＿＿＿＿＿＿＿＿＿＿＿

註:本讀者回函卡傳真與影印皆無效,資料未填完整即喪失抽獎資格。